原来你是这样的动物 科

[日] 沼笠航 著　　王宇佳 译

南海出版公司
2021 · 海口

众所周知的一面

书中提到的那些有趣动物

呜哇——（←打个招呼。）感谢大家赏光阅读本书，我是作者沼笠航。（有人可能会问“沼笠航是谁”，大家不认识我也没关系。）虽然这本图鉴主要面向“喜欢动物”的孩子，不过，书中内容很丰富，即使是大人或对动物不感兴趣的人，也能获得愉快的阅读体验。**无论是大人还是孩子，最重要的就是拥有一颗好奇心**……只要大家对不可思议的动物世界有那么一点点兴趣，就一定会喜欢上这本妙趣横生的动物图鉴。

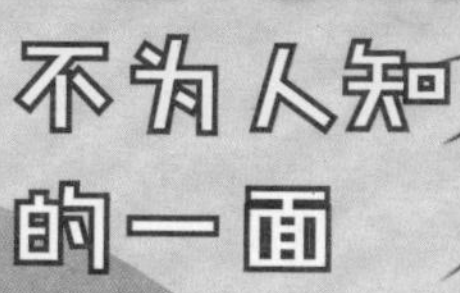

动物的两面性

本书介绍每种动物都会分成两页，一页介绍动物众所周知的一面，另一页介绍它们不为人知的一面。“**众所周知**”主要讲动物的基本特征，而“**不为人知**”则包括一些有趣的生态秘闻。

读完这本充满意外的动物图鉴后，大家对动物的看法应该也会有所改观。如果大家喜欢书中的某则动物趣闻，可以讲给别人听哦。

不为人知的动物秘闻主要有三种

第1章 震惊！ 令人惊叹的反差

第2章 厉害！ 不为人知的特征和特技

第3章 不可思议！ 奇特的生活方式

第1章 震惊！令人惊叹的反差

众所周知和不为人知的一面

START

海洋中的速度之王？！
姥鲨… 57
蓝鳍金枪鱼… 59
花园鳗… 61
看起来很优雅，但……
暗藏在水中的獠牙
被称为最强昆虫的它却拥有一个意外的天敌！
尼罗河鳄… 75
棱皮龟… 77
蠵龟… 79
嗜血的食人鱼？
巨型海龟
食人鲳… 63
泰坦扳机鱼… 65
鸳鸯… 67
金环胡蜂… 81
裸海蝶… 83
蚊子… 85
冰海中的“天使”
恐怖的剧毒蜘蛛？
游隼… 69
秃鹫… 71
火烈鸟… 73
大自然的“清道夫”
亚马孙巨人食鸟蛛… 87
虾夷扇贝… 89
澳大利亚箱形水母… 91
原本的颜色是……
下一页

第2章 厉害！不为人知的特征和特技

众所周知和不为人知的一面

世界上最受宠爱的动物

水面下的射手

《骷髅鱼13》

柴犬其实是……

外表看起来很普通，却有很厉害的绝招！

世界上最大的“治愈系啮齿动物”

这种河豚……竟然有这样的独特习性！

坚硬有毒

貌不惊人的小鸟，竟然有这种特技？
纯黑色的野鸟？
乌鸦··· 121
群居织巢鸟··· 123
帝企鹅··· 125
超重量级的蟑螂
犀牛蟑螂··· 129
切叶蚁··· 131
不是在空中，而是在水里飞翔？
呜啊——
比伪装更高超的捕食技巧是……
害怕——
这种动物到底是什么来头？
盛夏夜晚中的点点微光
源氏萤火虫··· 133
兰花螳螂··· 135
大海中的刺球
海胆··· 137
拟态章鱼··· 139
缩头鱼虱··· 141
下一页
7

第3章 不可思议！奇特的生活方式

众所周知和不为人知的一面

深海中的神秘
巨型乌贼！
亚马孙的
空中瑰宝

世界上最美的
毒青蛙
生活在墨西哥的
小可爱

笨——蛋——
笨——蛋——
因为智商太高，
所以有反抗期。
缤纷多彩的
跳舞达人！

大海中的
“神枪手”

本书的阅读方法

众所周知的一面　不为人知的一面

介绍动物的基本情况和特征。

介绍跟固有印象有极大反差的不为人知的一面。

动物的基本数据

详细说明该种动物的各种信息。

大小

将该种动物与生活中的常见物做比较。雌性和雄性大小有区别时会特别标注出来。

分类

以动物分类学为依据，说明该种动物的隶属类别。

食物

该种动物的主要食物。

栖息地

该种动物的栖息地。

令人惊叹的反差

众所周知和不为人知的一面

内在与外在有着强烈反差的动物们

有的人看起来严厉，内心却非常温柔；有的人平时很安静，可生起气来却非常激动……我们不能仅凭外表就判断一种动物的特性。本章就为大家介绍一些内在与外在有着强烈反差的动物！

看起来很强悍的动物其实……

战斗力在昆虫界堪称最强级别的金环胡蜂，有时也会在意外的反击中毙命。

详情请见 p81

外表非常温顺的动物却有这样的一面……

提起大熊猫就会让人联想到竹子，它们吃竹子的可爱模样令人怜爱倍增。但在野生环境中，大熊猫却有着惊人的另一面！

详情请见 p35

平时常见的样子实际来自……

看起来光鲜亮丽的火烈鸟，它们身上的颜色竟然隐藏着惊人的秘密！

详情请见 p73

非洲象

鼻子长又长

陆地上最大的哺乳动物！

主食是树皮和植物的根等。

平时用象牙挖掘植物的根、撕取树皮。象鼻也有很多用处——

- 拿东西。
- 喝水。
- 洗澡。
- 呼吸和闻味道。

大象不会流汗，它们降低体温的方式是用耳朵扇风。还有人认为扇动耳朵是大象的一种交流方式。

你好

看起来老实又温和的大象，却……

动物的基本数据

大象的食量非常大，每天要吃100～300千克的草、树叶、水果等，还要喝190升的水。相应的，它们排出的粪便也很惊人，通常一坨粪便重达2～3千克，每次要拉5～6坨，每天拉10次左右。

大小：6～7.5米

分类：哺乳纲 · 象科　**食物**：草、树皮、水果等　**栖息地**：非洲

令人惊叹的反差！

非洲象其实……

很有破坏力！！

我这里造次！
敢来

大象体形庞大，它的力量可以说是陆地上最强的！

如果有狮子想捕食小象，大象就会毫不留情地将狮子撞飞！

大象还能撞翻汽车，然后用象牙撬开车门。

争夺配偶时，雄象间会展开激烈的战斗！

雄象间会先比较体形或牙的大小，如果分不出输赢，就会开始力量对决。

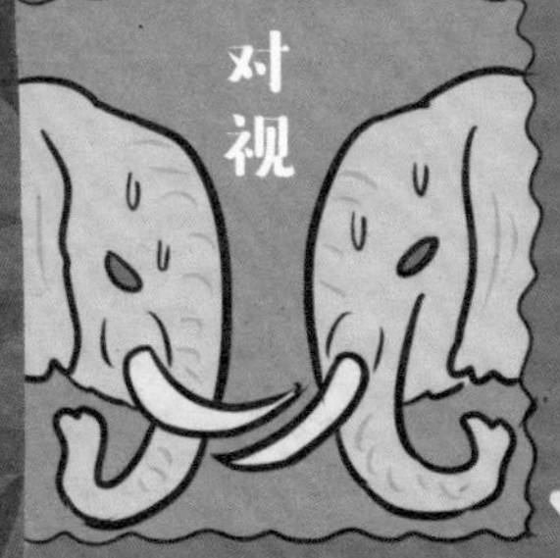

战斗时会用上鼻子、象牙和全身的力量，场面非常壮观。

一旦开始对战，就要战斗到一方重伤为止……正是因为体形庞大，所以战斗才会如此惨烈。

老虎

森林之王

躲在草木深处慢慢靠近猎物，然后靠尖锐的利爪一击制敌！

喷
看招

喜欢单独行动，会在自己的地盘留下气味。

用大犬齿撕咬猎物。

锋利的牙齿。

表面粗糙的舌头。

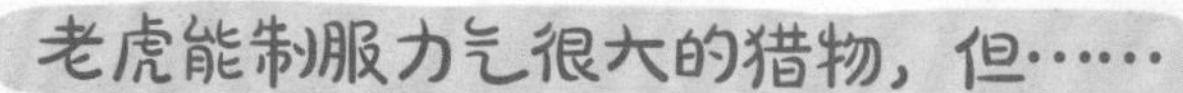

动物的基本数据

老虎的栖息地非常广泛，既可以生活在炎热的地区，也可以生活在寒冷的地区。根据栖息地，它们被分为孟加拉虎、东北虎等九个亚种，其中三个亚种已经灭绝。

大小： 2.7～3.1米（孟加拉虎）

用舌头梳毛

分类： 哺乳纲 · 猫科　**食物：** 鹿、野猪等　**栖息地：** 俄罗斯、印度以及东南亚地区

令人惊叹的反差！

老虎狩猎的成功率只有5%而已？！

老虎狩猎时看似凶猛……
但其实成功率非常低！

据说老虎狩猎的成功率只有5%～10%，
这个概率简直太低了！

不过，只要成功一次就会有很大收获（大约能得到30千克左右的肉）！如果能八天成功一次，
老虎就能顺利存活下去……
这就是老虎的狩猎生活。

树懒

超级慢节奏

树懒的毛是竖起来的，所以即使淋了雨，水滴也能很快流下。

不会沾水的树懒

为了减少能量消耗，树懒连消化都很慢——平均要花16天左右。

树懒的动作实在太慢了，看起来很容易被抓住，然而……

动物的基本数据

树懒主要分布在中美洲至南美洲的森林里，共有六个亚种。它们一直悠闲地生活在树上，但每周都要爬到树下大小便。

大小： 70厘米（二趾树懒）

其实是个游泳健将……

分类： 哺乳纲 · 树懒亚目　**食物：** 树叶等　**栖息地：** 中美洲至南美洲

令人惊叹的反差！

树懒动作太慢了

所以反而不容易被发现？！

树懒的毛发上附有藻类植物，所以整个皮毛是发绿的。有些树懒甚至完全是绿色的……

绿色的皮毛加上超慢的动作，让树懒与树木融为一体！

树懒浓密的毛发里寄生着各式各样的动物，像个小丛林一样……

因为树懒既不爱动也不会梳理毛发，所以它的毛发简直就是寄生生物的天堂。

也正是多亏了这些寄生生物，树懒才得以在危险的森林里存活下去……

狮子

百兽之王

大部分猫科动物（比如老虎、猎豹）都过着独居生活，但狮子却是群居动物。这也许是一种为了在热带草原上生存下去的战略吧。狮子的族群用英文“pride（骄傲）”表示。一般由1～3头雄狮、十几头雌狮和它们的孩子组成。

※被称为“pride”的原因不明。

狩猎的主要是雌狮。

雄狮一天要睡20个小时。

呼呼大睡

雄狮不用狩猎，看起来似乎很悠闲，但其实……

动物的基本数据

狮子有七个亚种，比如亚洲狮、马赛狮等。雄狮颈上的鬃毛能起到保护脖子的作用。但不知为何，有些雌狮的脖子上也有鬃毛。

大小： 240～330厘米

分类： 哺乳纲 · 猫科　**食物：** 大型哺乳动物、小动物等　**栖息地：** 非洲、印度

雄狮的生活……

也不轻松！

小雄狮会在狮群里愉快地生活。

但身为父亲的雄狮一旦输给其他狮子，便会失去狮王的宝座，而它的孩子会被残杀。

即使父亲一直稳坐狮王的宝座，小雄狮2～3岁时也会被逐出狮群。

被逐出狮群的雄狮被称为“流浪雄狮”，它们在成为狮王前要自己狩猎。

流浪雄狮一般或单独行动，或几头一起行动！
它们会寻找狮王已经垂垂老矣或受伤虚弱的狮群，然后发起挑战，成为新的狮王。

只有战胜原来的狮王并得到雌狮的认可后，雄狮才能让雌狮帮它狩猎，并获得交配和繁衍后代的机会。

（有时两兄弟会一起登上狮王的宝座，它们互相协作来保证地盘的安全。）

即使当上了狮王，也不能总是悠闲地睡大觉……
它们要保卫自己的地盘，还要随时准备迎战其他雄狮。如果在战斗中惨败，不但孩子会被残杀，雌狮也会被新狮王抢走……想当狮群的头领，可不是一件容易的事！

肉食性猫科动物

除了狮子之外，自然界中还有很多肉食性猫科动物。下面就为大家介绍一些！

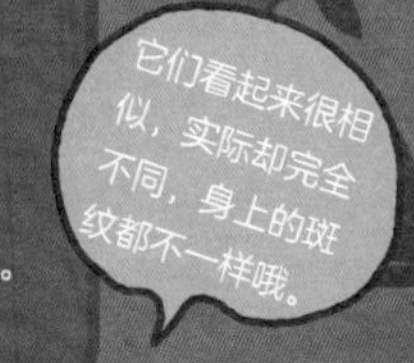

豹

栖息在非洲和南亚

腿部短而粗壮，奔跑速度不快，却很有力量。

栖息在丛林和岩地里。

擅长爬树！

喜欢将猎物拽到树上藏起来。

猫科动物里的全能选手！

猎豹

在广阔的非洲大草原上追逐猎物

脸上有特殊的条纹图案。

脑袋很小，眼睛的位置比较高。

腿部又细又长。

世界上速度最快的哺乳动物，最高时速可达110千米。

趾甲没法收起来……

美洲豹

栖息在亚马孙流域的猎手

在古代文明中被奉为"夜之神"。

与其他猫科动物不同，它很擅长游泳！

脑袋大一些，下颌力量很强。

有时还会吃鱼、鳄鱼和蟒蛇等。

美洲狮

栖息在南美洲和北美洲

有山狮、美洲金猫等别称。

圆圆的脑袋上竖起一对耳朵。

平时会以鹿、豪猪和郊狼等为猎物。

它们是哺乳动物中跳得最高的，最高可以跳到7米！

猎豹

草原上的速度之王

世界上最快的哺乳动物！

骨骼、肌肉和器官都是为高速奔跑而生，会用全身的力量追逐猎物！

脑袋很小，能尽情地快速奔跑。

像弹簧一样的脊骨。

如果追击的猎物改变方向，猎豹能用尾巴迅速掉转方向。

心脏和肺都很大，携氧能力强，能将大量氧气输送到身体各处。

用细长的骨头吸收冲击来进行高速奔跑。起跑后只需2～3秒，就能加速至时速100千米！

猎豹全力奔跑时堪称“速度之王”，但……

动物的基本数据

猎豹的骨头很轻，所以体重只有50千克左右。这个重量是狮子体重的1/4。猎豹力量较弱，但拥有高速奔跑的技能，因此狩猎的成功率比草原上的其他猫科动物要高。

大小： 121～150厘米

分类： 哺乳纲 · 猫科　**食物：** 大型哺乳动物、小动物等　**栖息地：** 非洲、伊朗

令人惊叹的反差！

除了打猎，
猎豹要尽量避免能量消耗！

有研究表明，猎豹为了狩猎时能猛烈冲刺，平时要尽量避免能量消耗！

据说，猎豹一天消耗的能量跟人类一天消耗的差不多。

很多人认为猎豹虽然奔跑速度快，却没什么力量。

有时，猎物甚至会被狮子抢走。

其实，这是因为猎豹不惜牺牲咬合力和战斗力，也要用瞬间的“高速”来与猎物一决胜负！不只是身体构造，就连生活习性也是如此。因此，它们能用最高速度奔跑400米左右，简直是将一切都献给速度的动物。

河马

温柔的河马先生？

体形仅次于大象的草食动物！

河马平时看起来很悠闲，但……

动物的基本数据

河马白天以30头为单位在小河或池塘里度过，晚上则分别上岸找草吃，生活非常悠闲。拥有地盘的雄性河马会为了保护幼崽而变得很有攻击性，有时甚至会咬死河里的鳄鱼。

大小：5米

每天要吃35千克左右的草料（相当于小学四年级男生的体重）！

分类：哺乳纲 · 河马科　**食物**：水草　**栖息地**：非洲

令人惊叹的反差！

河马其实是

非洲最危险的动物！

虽然外表看起来很温顺，
但其实河马是非洲最危险的动物，
每年因河马袭击而亡的人很多。

而且河马的奔跑时速可达40千米，
比尤塞恩·博尔特还要快。

拥有这样的速度和力量，简直就是最强级别的猛兽！

长颈鹿

脖子很长的动物

陆地上最高的动物！

有2～5只角，不是直接裸露在外，而是被皮毛包裹着。

平时会用长达50厘米的舌头卷树叶吃。

为了将血液输送到高高的脑袋上，血压非常高，是人类血压的两倍以上。

脖子里有七块颈椎，能灵活运动。

在日本可当成宠物饲养的最大动物。

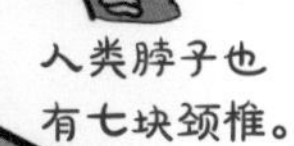

人类脖子也有七块颈椎。

很多人以为长颈鹿的脖子只是为了吃高处的树叶，然而……

动物的基本数据

不同栖息地的长颈鹿，身上的花纹也有很大区别。比如马赛长颈鹿，它们身上的茶色花纹就像锯齿形的叶子一样。长颈鹿的腿很有力量，甚至能将狮子一脚踢死。

分类：哺乳纲 · 长颈鹿科　**食物**：树叶、花、水果等　**栖息地**：非洲

令人惊叹的反差！

长颈鹿……

会用长脖子互殴！！

哇呀呀！

长颈鹿看起来很优雅，但有时雄性间展开对决，会将脖子抡起来互殴！

这种打斗被称为“necking”（neck=脖子）。

据说长颈鹿用脖子撞击的声音，在百米之外都能听到。

哐咚

打斗时附近一般都有雌性在场。

干得漂亮！

在necking中输掉的一方常常会失去意识。

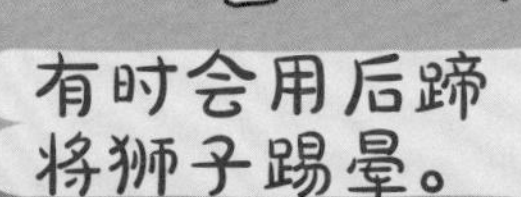

哐咚

呜啊——

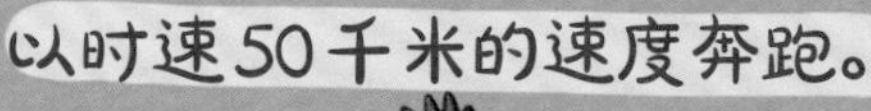

野性十足的长颈鹿，今后也将继续演绎勇猛的传奇故事。

小食蚁兽

狂热的蚂蚁爱好者

用长长的舌头当工具，每天要吃掉三千只蚂蚁！

嘴里没有牙齿！
长达40厘米的舌头
被一层黏液
包裹着。

尾巴可以用来抓东西。
很擅长爬树。

小食蚁兽视力很差，主要靠嗅觉寻找蚁穴。

找到后立刻将舌头伸进去。
为了防止蚂蚁反抗，进食的速度一定要快。

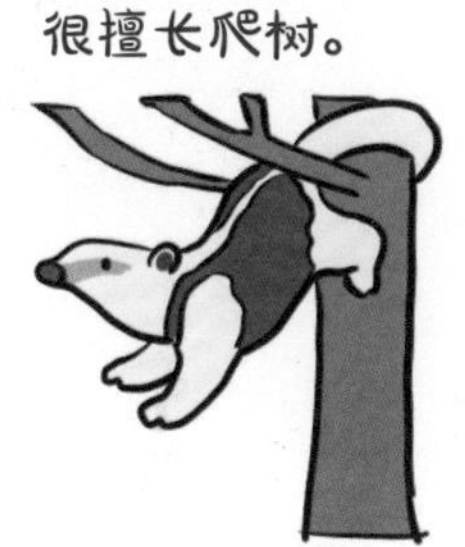

平时性格很温顺，但是……

动物的基本数据

小食蚁兽身上的花纹像背心一样，它们待在树上的时间较长，有时会在树洞里筑巢。刚出生的小食蚁兽宝宝会在妈妈的背上生活一段时间。

大小：53～88厘米

分类：哺乳纲 · 食蚁兽科　**食物**：白蚁、蚂蚁　**栖息地**：南美洲北部、东部

令人惊叹的反差！

小食蚁兽被惹急了 会站起来用爪子攻击！

小食蚁兽平时性情温顺，可一旦遇到危险，就会站起来“威慑”对方！

然后用爪子攻击敌人，它们有时甚至能击退猎豹等天敌！

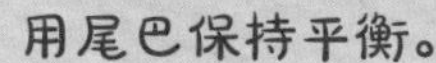

用尾巴保持平衡。

小食蚁兽站立时威风凛凛的样子，简直就像日本仁王的站立姿势一样！

虽然这么说，但其实这种姿势看起来挺可爱的。不过还是不能掉以轻心。

斑马

黑白相间

生活在非洲大草原上，身上布满黑白条纹的马！

斑马身上的条纹就像人类的指纹一样，每一只都是独特的。

连鬃毛上都有条纹。

尾巴像流苏一样。

津津有味

它的家庭通常由一头雄斑马、几头雌斑马和它们的孩子组成。

身上的条纹不是竖条纹，而是横条纹（以脊骨为轴）。

吃草时，它们会先用前齿将草咬断，然后用后齿将草嚼碎。

斑马的家庭合影。

黑白相间的条纹看起来很有气势，其实……

动物的基本数据

在大草原上，几百头斑马会组成一个族群一起生活。斑马有平原斑马、山斑马和细纹斑马三个亚种，它们与被人类驯服的马不同，脾气非常不好，碰到时要多加注意，否则可能被踢到。

大小： 2.1～2.4米

分类： 哺乳纲 · 马科　**食物：** 草　**栖息地：** 非洲撒哈拉沙漠以南

令人惊叹的反差！

斑马的真正肤色其实是灰色！

斑马的黑白条纹看起来充满神秘感，
但其实底下的皮肤是很普通的灰黑色！

白熊*的皮肤是黑色的。

老虎的皮肤上带着花纹。

※准确地说是北极熊。

斑马身上为什么会长黑白条纹呢？
专家们众说纷纭，最近比较流行的说法是下面两种。

防蚊虫

携带很多病原体的苍蝇好像很讨厌黑白条纹。

防中暑

黑色条纹和白色条纹之间有温度差，这个温度差能使空气产生气流，进而保持皮肤凉爽。

实际上斑马的体温确实比生活在同一地区（没有条纹）的哺乳动物的体温低3℃左右……

虽然有几种有力的学说，但斑马的条纹之谜还没完全解开。
斑马真是一种具有各种可能性的不可思议的动物啊！

树袋熊

整天沉浸在睡梦中的悠闲生活

栖息在澳大利亚的有袋动物！

每天要睡18个小时。

用尖利的爪子抓住树干，每天要吃一千克桉树叶。

树袋熊宝宝会在妈妈的育儿袋中生活半年左右。

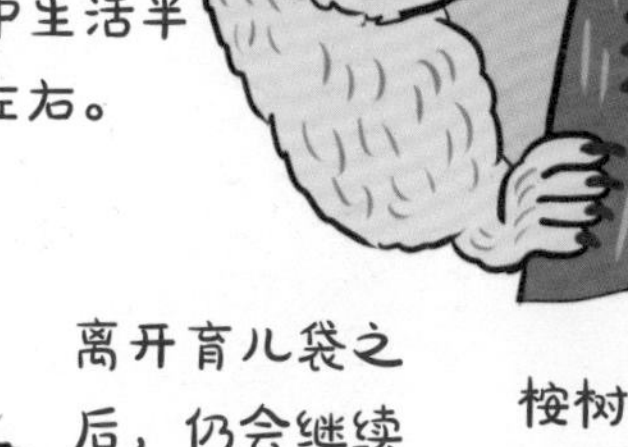

离开育儿袋之后，仍会继续缠着妈妈一段时间。

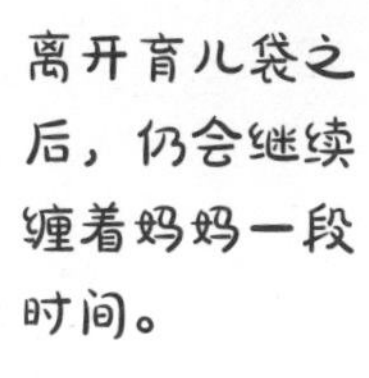

桉树叶是有毒的，但树袋熊的消化器官里有能分解这种毒素的细菌，所以不会中毒。

动物的基本数据

树袋熊宝宝有时会爬到妈妈的屁股上，吃妈妈拉出的粪便。不过这可不是普通的粪便，而是一种含有微生物的辅食。这种辅食能增强树袋熊宝宝的消化能力，让它们慢慢过渡到能自己消化桉树叶。

大小： 78厘米（雄性）、72厘米（雌性）

树袋熊双肩包

分类： 哺乳纲 · 树袋熊科　**食物：** 桉树叶　**栖息地：** 澳大利亚

令人惊叹的反差!

树袋熊打起架来

挺可怕!

树袋熊看起来可爱又温顺,
但打起架来却意外地可怕!

有人形容它们打架时的叫声像是从地狱传来的……

树袋熊打架的原因一般是“争夺桉树”。
如果有其他树袋熊跑到自己喜欢的树上,
它们就会用怒吼来威慑对方!

对方若没有反应,威慑就会演化成真正的战斗,它们会互相抓挠、啃咬!

不过,树袋熊的牙齿由于长时间吃桉树叶被磨平了,所以即便打架也不会受伤太重。

大熊猫

深受喜爱的黑白色巨熊

动物园中的人气选手！以竹子为主食的熊！

一天有14～16个小时在吃竹子。

人们最先发现的是小熊猫。

“Panda”这个词原本也是指小熊猫。

日程表

睡觉
吃竹子
睡觉
吃竹子
吃嫩竹子

大熊猫的手掌很厚实，而且有“第六根手指”，所以能很好地抓住竹子。

日本动物园里的大熊猫是从中国租的。

如果不幸死去要赔偿五千万日元。

熊猫宝宝

慢慢出现黑色、白色

成年熊猫

动物的基本数据

大熊猫在动物园中是很常见的动物，但其实它们只栖息在中国四川省的山区。大熊猫身上长着黑白相间的毛，据说是为了能在有残雪的山间隐藏身形。

大小：1.5～1.8米

分类：哺乳纲 · 熊科　**食物**：竹子　**栖息地**：中国

令人惊叹的反差！

大熊猫其实……

也会吃肉哦！

中国四川省曾经发生过野生熊猫袭击山羊、绵羊等家畜的事件。

可爱的小羊羔

很多人都以为熊猫是草食动物，但其实它们是能消化肉类的杂食性动物。

蔬菜

在自然环境的作用下，熊猫慢慢进化成以竹子为主食。不过，它们仍然是什么都能吃的“熊”哦！

大猩猩

丛林中的“肌肉男”

栖息在丛林中体形最大的类人猿！

拥有结实的肌肉和怪力。据说握力可达500千克！人类的成年男性的握力最多只能达到47千克左右。

靠大量摄入植物来增加身体的肌肉。

雄性大猩猩背部的毛会随着年龄增长变成银灰色，被称为“银背”。大猩猩族群的首领一般是从银背里选出的。

大小： 185厘米（雄性东非大猩猩）

动物的基本数据

大猩猩有西非大猩猩和东非大猩猩两种，东非大猩猩的主食是草，西非大猩猩的主食则是水果。其实，野生的大猩猩几乎很少吃香蕉。

大猩猩的外表看起来充满野性，但其实……

分类： 哺乳纲 · 人科　**食物：** 草、叶子、水果　**栖息地：** 非洲中部

令人惊叹的反差！

其实大猩猩是……

温顺又神经质的动物！

大猩猩拍打胸口时会发出"咚咚"的声音，看起来很有气势。但实际上它们拍打胸口并不是为了威慑对方，反而是为了和解！

大猩猩不喜欢暴力，是一种性情温顺的动物。
而且它们有着非常敏感的一面。
生活在动物园的大猩猩经常因为一点小事而拉肚子或情绪消沉。
也许正因为很聪明，所以它们才有这么多烦恼吧！

巨獭

栖息在沼泽中的巨兽

生活在南美洲的世界上最大的水獭！

野生巨獭非常少见，在全世界只有数千只而已。
但也有人认为，这是因为它们性格腼腆，所以不容易被发现。

动物的基本数据

巨獭家庭主要由夫妇和它们的孩子组成，一般有4～9名成员。巨獭的家族意识很强，无论是打猎还是争夺领地，都会全家一起出动。

大小：2米

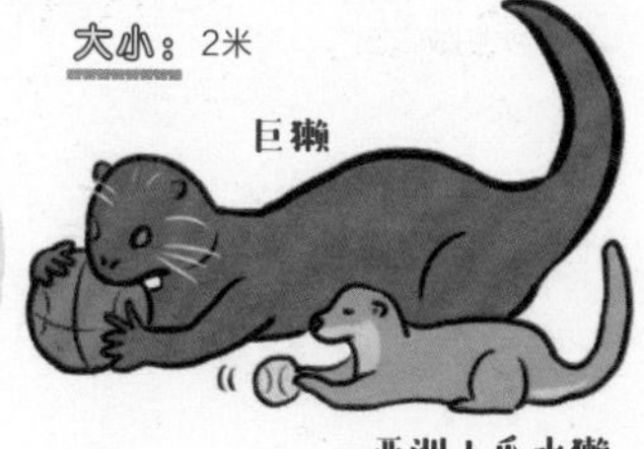

分类：哺乳纲 · 鼬科　**食物**：鱼、虾、蟹　**栖息地**：南美洲

令人惊叹的反差！

巨獭会……

边笑边袭击鳄鱼？

巨獭的主食竟然是食人鲳！而且它们是大胃王，每天要吃3～4千克的鱼。

哇啊——

更令人惊讶的是，巨獭还会袭击凶猛的鳄鱼，然后将它们吃掉！

巨獭一家会团结起来一起狩猎鳄鱼！据说它们能发出九种不同的声音来沟通交流。

而且，巨獭在狩猎时会发出类似小孩笑声的声音，那种场面真的是非常诡异。

亚洲小爪水獭

好可怕啊！

野猪

"猪突猛进"？

体格强悍又充满力量的动物！

肌肉发达，在森林里能以时速45千米的速度奔跑。嗅觉也很强。

擅长游泳，可以一下就游几千米。

牙齿一生都在生长，即使闭上嘴，獠牙也会露出来。

每只蹄上有两个大趾甲，左右还有两个小趾，防止在坡道和山地行走时滑倒。

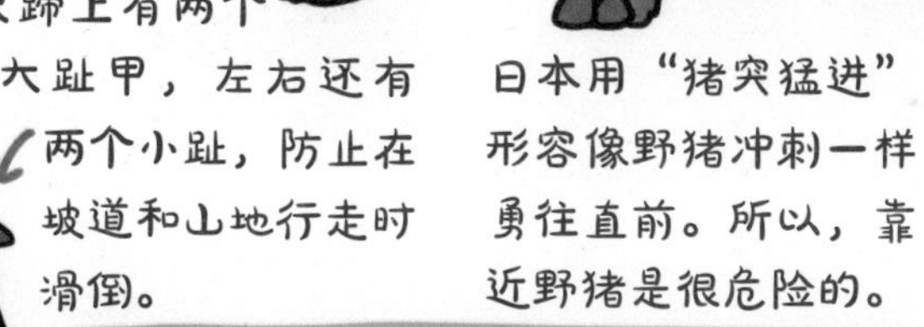

日本用"猪突猛进"形容像野猪冲刺一样勇往直前。所以，靠近野猪是很危险的。

呜哇——

一旦开始冲刺，就停不下来了……

动物的基本数据

日本有两种野猪，分别是日本野猪和琉球野猪。野猪平时总是在山林里跑动，但育儿时会挖一个浅坑，然后用草和树枝等筑巢生活。

大小： 90～180厘米

野猪宝宝的体形很像甜瓜，所以又被称为"甜瓜小子"。

分类： 哺乳纲 · 猪科　**食物：** 水果、草、小动物等　**栖息地：** 日本、欧洲等

令人惊叹的反差！

野猪奔跑时……

既能突然停下也能掉转方向！

野猪冲刺时看起来势不可挡，但如果在它们面前张开一把伞，会怎么样呢？

这时野猪就会急刹车，然后掉转方向逃走。

所以即使是“猪突猛进”的野猪，在某些情况下也会突然刹车或掉转方向。

哇啊——

换句话说，野猪在快速冲刺时也有灵活转向的能力。

野猪还可以从静止的状态垂直跃起，而且能跳到一米左右哦。

看来，在野外碰到野猪真的是件很危险的事啊……

还是离远点吧！

貉※

住在隔壁的毛球

※在日本被叫作“狸”，常误翻译为“狸猫”。

从很久以前就居住在离日本居民很近的地方

一般生活在森林里，经常在日本的传说、童话或落语中登场，由此可以看出它们在日本文化中的地位。但……

听到猎人的枪声会吓到晕厥。

有时醒过来会趁机逃走，所以日本有“狸猫装睡”这个俗语。

通常都没什么好下场……

在日本的大都市偶尔也能看到貉。

对日本人来说，貉是很常见的动物，但……

动物的基本数据

貉是杂食动物，几乎什么都吃，但最爱吃的是昆虫和水果。主要在夜间活动，到了夏天会捉独角仙来吃。它们会在同一个地点大便，以此来标记自己的领地。

大小： 50厘米

分类： 哺乳纲 · 犬科　**食物：** 昆虫、水果、小动物　**栖息地：** 日本等东亚地区

令人惊叹的反差！

貉……

在其他地方是很罕见的动物！

貉的世界地图

貉在日本是很常见的动物。
但全世界只有东亚地区才有。
所以总的来说，貉算是很罕见的动物。

貉的英文名是“raccoon dog”，也就是“浣熊狗”。它们也有“不会叫的狗”的别称。

浣熊

狗

别碰我！

在日本与新加坡的“动物交换项目”中，竟然用貉交换到了世界三大珍兽之一的倭河马。

貉

皮毛蓬松的可爱小动物

动物交换卡

即使在气候完全不同的新加坡，只要像照顾狗一样对待貉，它们就能生存下去。貉真是一种生命力顽强的动物啊！

红袋鼠

擅长跳跃的母子

栖息在澳大利亚的世界上最大的有袋动物

袋鼠跳跃的样子非常可爱，可是……

动物的基本数据

袋鼠是栖息在大草原上的草食动物，它们一般会集群生活。雄袋鼠身体是红色的，而雌袋鼠则是灰色的。雄袋鼠身体之所以泛红，是因为它们兴奋时喉咙和胸口会渗出红色的液体，将整个身体染红。

大小： 160厘米

分类： 哺乳纲 · 袋鼠科　**食物：** 草　**栖息地：** 澳大利亚

令人惊叹的反差！

袋鼠会……

用“五条腿”战斗！

雄袋鼠成年后就会褪去小时候的可爱模样，变得越来越健壮。袋鼠算是名副其实的“武斗派”，雄袋鼠之间的战斗激烈异常！

啪啪啪啪啪啪

有时袋鼠会对当地人养的宠物犬进行夹头攻击（headlock）……

袋鼠尾巴上也有很强壮的肌肉，甚至能支撑整个身体！这个尾巴就相当于它们的第五条腿。有了尾巴的辅助，袋鼠可以更灵活地运用前肢和后肢进行战斗。

嘿 哈

它们后腿很有力，踢技当然也非常厉害！

如果人类被踢到，甚至可能致命……

所以人类千万不要跟袋鼠战斗！

不过，当宠物犬受到夹头攻击时，它的主人似乎可以成功击退袋鼠。

指猴

是一种猴子哦！

生活在马达加斯加岛的猴子，经常出现在当地的传说中。

能直接咬开外壳比核桃壳厚三倍的坚果。

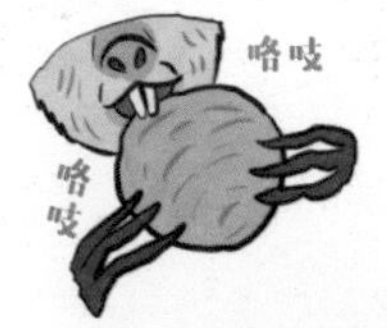

用长长的中指敲树干，寻找昆虫。

发现昆虫后，用手指掏出食用。

动物的基本数据

指猴的英文名叫“aye-aye”，这是根据它们的叫声所取。指猴只在夜间活动，白天则在树上的巢穴里睡大觉。它们是独居动物，不会组成族群。

大小：36～44厘米

分类：哺乳纲 · 指猴科　**食物**：水果、昆虫　**栖息地**：马达加斯加

令人惊叹的反差！

指猴在马达加斯加被称为……“恶魔的化身”！

指猴看起来挺可爱的，
但在原产地马达加斯加
却被称为“恶魔的使者”。

指猴长着圆溜溜的眼睛和巨大的耳朵，
还有长长的手指。
将它跟恶魔联想到一起确实情有可原。
指猴还会破坏椰子等作物，
所以当地人都很讨厌它们。

恶魔！！
我是猴子啊！

在当地的传说中，看到它们就要杀掉并埋起来，否则就会遭遇不幸。这让指猴惨遭猎杀，甚至在某个时期还面临灭绝的危机！
看来还是流传一些可爱的童谣比较好。

到底是可爱还是不可爱呢？
微妙
啦啦……
猴子先生
蜗牛

海獭

悠闲地浮在水面上

栖息在北美或亚洲太平洋的哺乳动物！

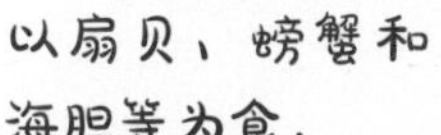

以扇贝、螃蟹和海胆等为食，堪称美食家。

从海底捞出贝壳，然后用石头砸开吃。

咚咚 咚咚

皮毛既可以保温又可以防水。

将喜欢的石头随身携带。

将孩子放在胸口上养育。

趾间长着蹼。

身上有用来装石头的口袋。

在这里。

海獭整天漂浮在水面上，这种生活看似悠闲，但其实……

动物的基本数据

海獭最喜欢吃海胆和贝类，它们虽然生活在海里，却属于鼬科。海獭还是大胃王，每天要吃下自己体重1/4的食物。在日本北海道的根室半岛等地，栖息着野生的海獭。

大小：120～150厘米

分类：哺乳纲 · 鼬科　**食物**：鱼、贝类、海胆、甲壳类　**栖息地**：北太平洋

令人惊叹的反差！

海獭的水上生活……

要豁出性命！

海獭整天漂浮在水面上，
这种生活看似悠闲，却时刻面临着生命危险！

它们睡觉时为了不被洋流带走，
会在身上缠一些海带。

这些海带就是海獭的救命绳。

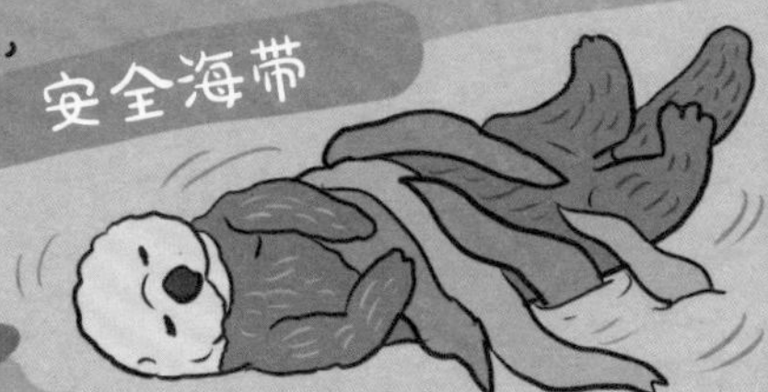

而且海獭要时刻保持皮毛的清洁。

因为皮毛中储存的空气能给它们提供漂在水面上的浮力。

如果不好好保养皮毛，海獭就会有溺水或冻死的危险。

最近还出现了虎鲸因食物短缺而袭击海獭的事件。
由此可见，海獭的海上生活其实危机四伏！

蓝鲸

史上最大的动物！

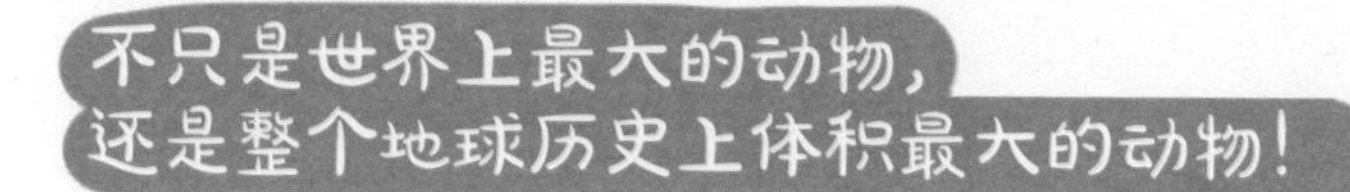

全长约25米（最大可达30米），
体重约200吨。

蓝鲸又被称为“白长须鲸”。因为从水面上看，它们是白色的。

白色的。

Q

怎么知道蓝鲸是史上最大的动物？

A

陆地动物（比如恐龙）的体重如果超过一定的数值就无法生存下去。水里的动物，则会因为食物不足等原因而无法维持体形，所以，科学家们判断蓝鲸的体形是动物的极限。

动物的基本数据

既然被称为史上最大的动物，当然就没什么天敌了。所以蓝鲸寿命很长，一般都会超过100岁。蓝鲸宝宝体长约7米，体重约2吨，也是超重量级的。

分类：哺乳纲 · 须鲸科　**食物**：磷虾　**栖息地**：全世界的海洋

令人惊叹的反差！

蓝鲸……

张开嘴要费很大的劲！

对于体形庞大的蓝鲸来说，
吃东西时张开嘴却是件很费劲的事！

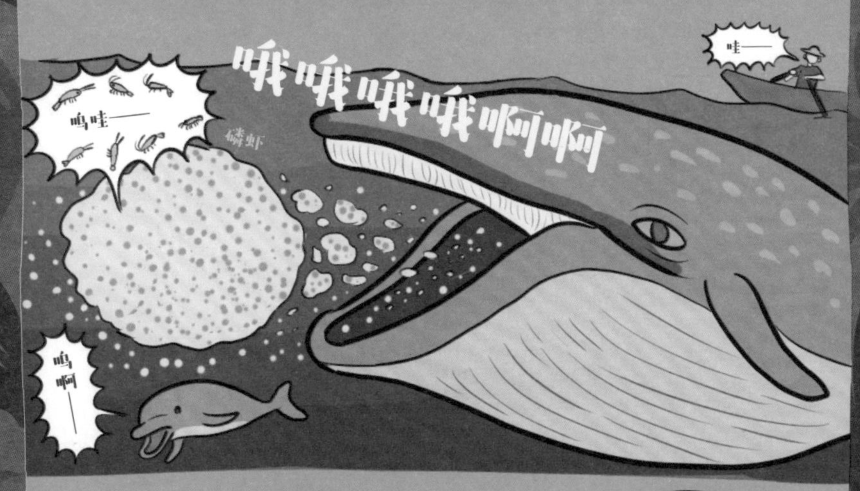

蓝鲸的嘴整个张开可达10米，
每次张嘴都要消耗很大的能量。
而且它们张嘴前必须减速，之后再
加速又是一件很费体力的事。
据说蓝鲸每天要吃掉几吨磷虾，但
它们基本只在遇到大群磷虾
时才会进食。
身为地球史上最大
的动物，却连
动一下都要很谨慎！

深有体会

顶部开合需要20分钟的
日本东京巨蛋体育馆。

今天就算了吧！

呼——

有时遇到小群磷虾会视
而不见。

虎鲸

黑白相间的巨大身形

位于海洋食物链顶端的最强哺乳动物！

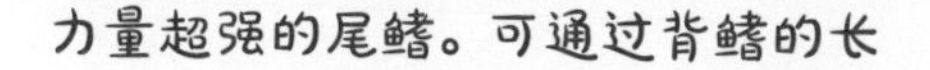

力量超强的尾鳍。可通过背鳍的长短来判断雌雄。

比较短 等等我～ 呼呼呼 雄性

上、下颌都长着10～12颗10厘米长的锋利牙齿。

海豹、北极熊、海豚和鲸鱼都是它的猎物，有时甚至还会攻击大白鲨！

虎鲸的英文名直译为“杀人鲸”，凭这样的战斗力真是名副其实啊！

身体侧面长着小小的胸鳍。可以用它进行小幅度的转弯。

被称为“海洋支配者”的虎鲸是孤独的王者吗？

动物的基本数据

以雌性为中心进行群居生活。族群中的母亲和女儿感情深厚，而雄性在成年前就要离开族群。雌性虎鲸每5～6年生产一次，虎鲸宝宝要喝一年的母乳。

大小：8米（雄性）、7米（雌性）

令人惊叹的反差！

虎鲸其实……

也很擅长团队合作！

身为海洋中最强悍的哺乳动物，虎鲸竟然还拥有高度的社会性！它们可以用声音交流。

几只虎鲸一起向冰块游过去，掀起的大浪能使海豹落入水中！

将灰鲸宝宝从妈妈身边拐跑，然后压在它身上使其窒息！

组团袭击地球上最大的动物蓝鲸，用身体硬碰硬地撞击！

有人认为它们袭击蓝鲸不是为了吃，只是为了消遣而已。（消遣是拥有高度社会性的证据。）

可以单独称霸海洋的虎鲸，竟然还有高智商和合作精神，应该没什么可以阻挡它们了吧！

豹海豹
企鹅杀手

生活在南极的食肉海豹！

用尖利的牙齿撕下动物的肉。

有时豹海豹之间也会因为争夺猎物而大打出手。

有时会将捕到的企鹅或海狗保存在海底。

除了企鹅之外，也会捕杀海狗宝宝！

豹海豹很危险，甚至会将人拖到海里，然而……

动物的基本数据

豹海豹在南极洲几乎没有天敌，所以它们基本什么都吃。豹海豹的捕猎方式也不拘一格，有时会藏在岩石缝隙里捉鱼吃，有时会主动追捕企鹅。

大小： 241～338厘米

分类： 哺乳纲 · 海豹科　**食物：** 虾、鱼、海兽、鸟等　**栖息地：** 南极洲

令人惊叹的反差！

豹海豹竟然会……

将猎物分享给人类！

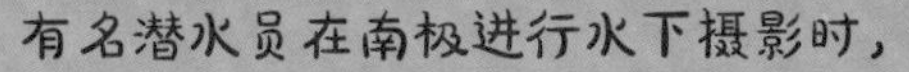

有名潜水员在南极进行水下摄影时，突然遇到一只豹海豹！潜水员知道豹海豹很凶猛，吓得浑身颤抖！

!!!

嗷

但豹海豹非但没有攻击潜水员，反而要把自己捕到的企鹅分给他！

也许是因为穿着潜水服的潜水员看起来很像自己的同类吧。

看到潜水员没有吃企鹅，豹海豹无奈地游走了。

生活在极寒地区的食肉海豹，难得地露出了温情的一面。

姥鲨

长着血盆大口的巨大鲨鱼

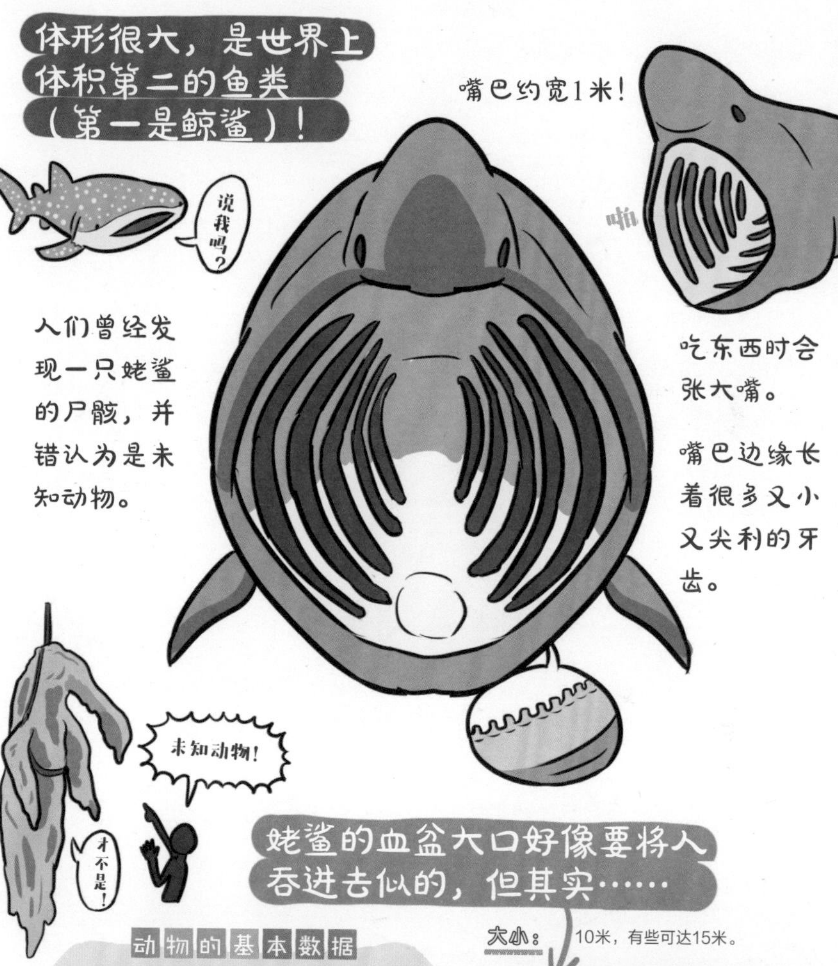

姥鲨的血盆大口好像要将人吞进去似的，但其实……

大小：10米，有些可达15米。

动物的基本数据

姥鲨大大的嘴里长着很多细小的牙齿。世界上最大的鲨鱼——鲸鲨和生活在深海的巨口鲨也有这个特征。

分类：软骨鱼纲 · 姥鲨科 **食物**：浮游生物 **栖息地**：全世界的温带、寒带海洋

令人惊叹的反差！

姥鲨虽然体形巨大……

却一点也不可怕！

体形巨大的姥鲨看起来很可怕，
但其实它们是不会吃人的！

姥鲨的英文名是“basking shark”，翻译过来是“晒太阳的鲨鱼”，真是一个悠闲的名字！

有时会跟着潜水员一起游泳。

姥鲨游动的速度很慢，
过去曾因为身上的鳍（鱼翅）
而被大量捕杀，现在这种捕杀已被明令禁止。因为动作太迟缓，它在日本又被称为“笨蛋鲨鱼”，真是太过分了！

蓝鳍金枪鱼

海洋中的速度之王?!

被称为“水中子弹”！整个体形都是为了速度而生。

为了高速前进，尾鳍上面长着强壮的肌肉。基本依靠尾鳍向前游动。

其他的鳍有转向等功能。

不用的时候会收起来，以免影响游泳速度。

游泳时以族群为单位，有时会一起袭击沙丁鱼群。

据说金枪鱼时速可达80千米，但其实……

动物的基本数据

蓝鳍金枪鱼是金枪鱼中体形最大的，也被称为“黑鲔鱼”。它们的游动范围非常广，有时甚至会从日本游到美国西海岸。生活在日本近海的太平洋蓝鳍金枪鱼在春天会往北游，秋冬则会往南游。

大小：3米

分类：硬骨鱼纲 · 鲭科 **食物**：鱼、乌贼 **栖息地**：日本近海以及太平洋、大西洋部分区域

令人惊叹的反差！

金枪鱼是……

一生都在游动的马拉松选手！

拥有超高游速的金枪鱼，
其实更像一个长距离马拉松选手。
由于腮肌退化，为了摄取氧气，
它必须一直游动，
停下来就会面临死亡。

一般鱼类会藏在岩石缝或水草中稍作休息。
这相当于我们人类的“睡眠”。
（鱼不会闭眼。）

但金枪鱼一刻都不能停歇，一生都要在游泳中度过，其实它们的平均时速只有7千米。

最高时速为18千米左右。

被称为“水中子弹”的金枪鱼，
其实是耐力型选手。
因为在残酷的海洋世界，
速度快不一定是件好事。
它们通过长年的进化，
找到了最适合自己的速度。

花园鳗

像草一样的摇曳身姿

喜欢群居的细长鱼类！一半身体埋在沙子中。

长得像"狆"（日本犬种），所以在日本被称为"狆鳗"。

肚子上的黑点是肛门，后面的部分都是"尾巴"。

为了挖沙子，花园鳗的尾巴长得很硬。

有时会吃到漂过来的粪便。

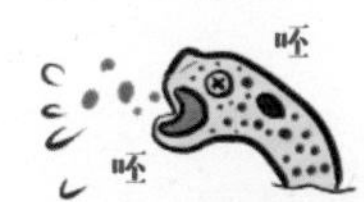

有时也会露出整个身体。

动物的基本数据

在日本，花园鳗主要栖息在高知县以南的温暖海域。花园鳗会用尾巴在沙子里挖一个洞，然后分泌黏液来进行加固。洞的深度有时比它们的身体还长。

大小：36厘米

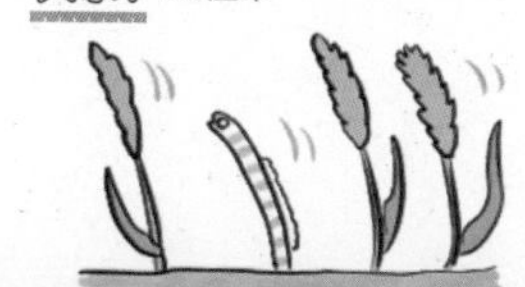

身体像随风摇摆的植物一样，看起来很优雅，但……

分类：硬骨鱼纲·康吉鳗科　**食物：**浮游生物　**栖息地：**西太平洋、印度洋

令人惊叹的反差！

花园鳗打起架来……

场面很激烈！

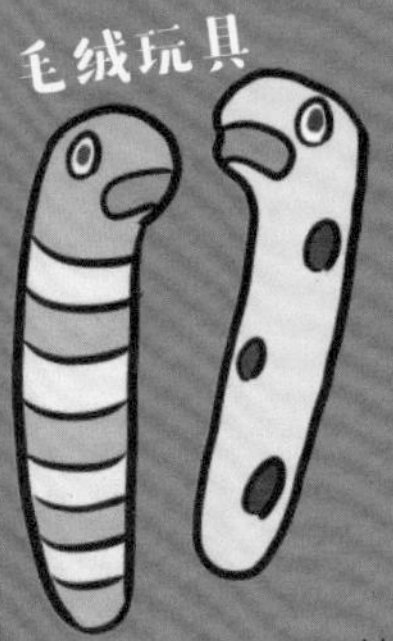

花园鳗可爱温顺，很受欢迎，你甚至能在商店里找到以它们为原型制作的毛绒玩具。一般情况下，花园鳗只是朝着同一个方向静静随波逐流而已……

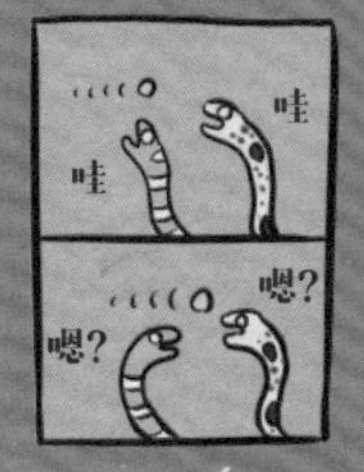

但其实它们的领地意识很强，经常因为这个打架！

有时会有3～4只花园鳗同时参战，慢慢演变成一场激烈的混战！

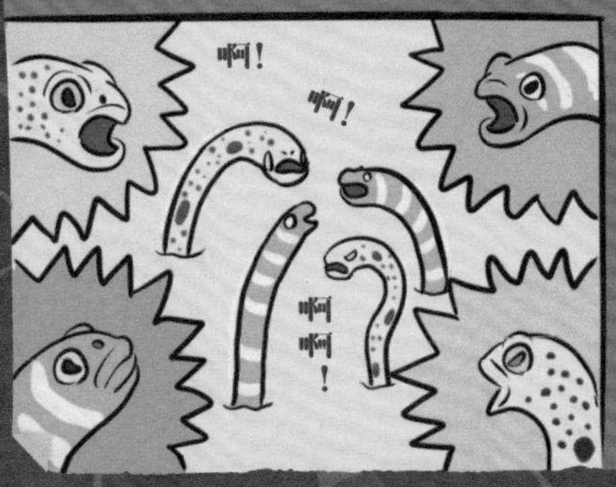

大家到水族馆时，请耐心观察一下花园鳗的生活吧。

食人鲳

嗜血的食人鱼？

牙齿像刀刃一样锋利的热带鱼类！

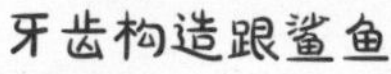

食人鲳有很多种

红腹食人鲳	黑紫罗兰食人鲳	巨型黄腹食人鲳
腹部是红色的。	最大50厘米。	脾气很不好。

据说它们会袭击落水的人或动物，
然后啃咬到只剩一副骨架，但……

大小：30厘米（红腹食人鲳）

动物的基本数据

食人鲳能用牙齿和鱼鳔发出声音，据说它们可以用好几种声音来交流。碰到人类，食人鲳会发出类似“别过来”这样的威慑。

分类：硬骨鱼纲·脂鲤科　**食物**：鱼、动物的尸体　**栖息地**：南美

令人惊叹的反差！

食人鲳其实……

非常胆小！

食人鲳其实是非常谨慎又胆小的鱼。
如果有东西落入水中，它们会像其他鱼一样落荒而逃。

不过食人鲳对血腥味很敏感，如果有伤口或刺激到它们，就很有可能受到攻击。

有时会被鳄鱼和淡水豚捕食。

津津有味

其实还有素食主义的食人鲳……

我不吃肉哦。

食人鲳凶猛的形象只是电影、电视节目塑造出来的而已。

恐怖 食人鲳突击采访！

Q. 你们喜欢吃肉吗？

当然喜欢啊！

泰坦扳机鱼

栖息在珊瑚礁里的巨型鱼

居住在海底的巨大鱼类！

幼鱼身上的斑纹很像胡麻表皮，因此又叫“胡麻皮剥鲀”。

有锋利的牙齿，主食是珊瑚、螃蟹、虾，还有海胆等。

泰坦扳机鱼所属的鳞鲀科里，有很多花色漂亮的鱼。

花斑拟鳞鲀　斜带吻棘鲀　红海毕加索

平时是温顺又胆小的鱼类，但……

动物的基本数据

长着黄黑斑纹的漂亮热带鱼。一般单独行动，很少组成族群。之所以能咬开坚硬的东西，是因为嘴里长着像鹦鹉喙一样的尖利牙齿。

大小： 75厘米

分类： 硬骨鱼纲 · 鳞鲀科　**食物：** 珊瑚、螃蟹、贝类、海胆　**栖息地：** 西太平洋、印度洋

令人惊叹的反差！

泰坦扳机鱼……

竟然是潜水员最害怕的鱼！

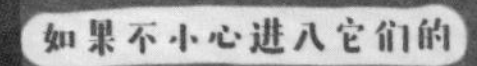

泰坦扳机鱼进入繁殖期后，
领地意识就变得特别强。
一旦进入它们的领地，
就会对你穷追不舍，
甚至用尖牙攻击！
如果遇到这种情况，
潜水员很容易受重伤，
所以看到育子的泰坦扳机鱼，必须赶快逃跑！
从某种意义上说，
它们比鲨鱼还可怕！

已经没事了哦～

人类只要靠近它，即使什么都不做，
也会遭到泰坦扳机鱼的攻击。
这在海洋动物中是比较罕见的……
对泰坦扳机鱼来说，
育子就是这么拼命的事。

顺便一提，泰坦扳机鱼的英文名是
“titan（巨人）triggerfish（扳机鱼）”

鸳鸯

象征爱情的鸟？

到了繁殖期，雄鸟就会长出华丽的羽毛！

鸳鸯夏天会褪毛，
雄鸟也会变得很朴素……

到了冬天，雄鸟和雌鸟就会结成配偶。
在日本也能看到它们亲密无间的样子。

鸳鸯的姻缘

中国春秋时代有这样的传说：
有一对恩爱的夫妇被迫分开后，
幻化成鸳鸯，
它们站在墓地的树上，
整日悲泣不已。

鸳鸯也可以指代关系很好的夫妇，然而……

动物的基本数据

鸳鸯在日本是很常见的鸟，但从世界范围来看，它们只栖息在东亚，算珍稀鸟类。鸳鸯会在很高的树洞里筑巢，雏鸟刚孵出不久就要从巢穴跳下去。

大小：45厘米

分类：鸟纲 · 鸭科　**食物**：橡子、昆虫、种子　**栖息地**：东亚

令人惊叹的反差！

鸳鸯其实……

每年都会更换配偶！

鸳鸯夫妇看起来似乎很恩爱……但其实这种恩爱只能维持到蛋孵出来为止！

一年后……
鸯子小姐…… 鸳夫先生……

现实中的“鸳鸯夫妇”每年都会通过更换配偶来繁殖后代。

雄鸳鸯在雌鸳鸯产卵后就会离开，然后到第二年找新对象继续繁殖后代，雌鸳鸯也会寻找新的配偶。它们当“鸳鸯夫妇”的时间其实只有半年而已！虽然听起来很失望，但对鸳鸯来说，这应该是最合理的繁衍方式吧。

顺便一提，像秃鹫这类猛禽反而有从一而终的习性。

游隼（sǔn）

飞行速度最快的猛禽

游隼看起来很厉害，但其实……

动物的基本数据

游隼与老鹰或猫头鹰一样，都是用尖爪捕猎的猛禽。它们会在悬崖等高处等待时机，然后用超高速俯冲下去，将鸽子或短脚鹎等猎物抓走。

大小：41厘米（雄鸟）、49厘米（雌鸟）

分类：鸟纲 · 隼科　**食物**：鸟　**栖息地**：全世界

令人惊叹的反差！

其实游隼……

跟鹦鹉是近亲！

一直以来人们都认为游隼是苍鹰的近亲，
但近几年研究表明，游隼跟鹦鹉和麻雀的亲缘关系更近！

苍鹰
猫头鹰
其他鸟
游隼
鹦鹉
麻雀
红色
用爪子
狩猎的鸟

学者发现，苍鹰和游隼的头盖骨构造有很大区别。
调查DNA后证实了游隼跟苍鹰并不是人们认为的近亲。

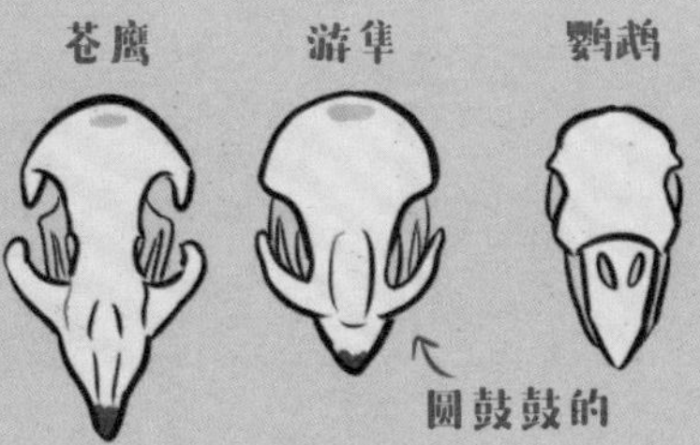

游隼与苍鹰的狩猎方式很相似，因此外表也进化成了很像的样子。这种现象叫“趋同进化”！
但不管怎么说，
游隼是飞行速度最快的鸟。
这个事实是不会
改变的……

秃鹫

大自然的“清道夫”

以动物尸骸为食的巨大鸟类！

用尖利的喙将动物的尸体撕碎！

秃鹫会吃掉动物的尸体。
这样腐肉就不会放置太长时间。
所以，它们也算是大自然的“清道夫”。

秃鹫有很厉害的胃酸（pH0～pH1），甚至能溶解金属。
它们靠这种强酸杀死腐肉中的细菌。

据说秃鹫吃的肉要比其他肉食动物还要多。

狗的胃酸为pH4.5，醋为pH2.4。

动物的基本数据

秃鹫主要分布在非洲和亚洲，共有十三种。它们偶尔也会飞到日本来。秃鹫的视力非常好，它们能边飞翔边锁定地上的腐肉。

大小：98厘米（非洲兀鹫）

分类：鸟纲 · 鹰科　**食物**：动物的尸体　**栖息地**：非洲等地

令人惊叹的反差！

秃鹫之所以秃头……

是为了防止生病！

为什么秃鹫的脑袋上不长羽毛呢？

秃鹫进食时会将头部伸进动物的尸体里，吃里面的肉和内脏。
每次进食后，它们头上都会沾满腐坏的血肉。
如果秃鹫头上长着羽毛，就会滋生病菌。
所以，它们头上不长羽毛其实是为了防止生病！

SUNSHINE

阳光可以直射在秃鹫的皮肤上，起杀菌作用。

另外，秃鹫的秃头还有防水功能（跟其他鸟类相比）。

虽然秃头看起来不太美观，却能很好地守护它们的健康。

火烈鸟

粉红色的火焰

拥有长脖子和粉红色羽毛的水鸟！

火烈鸟的喙向下弯曲，方便它们吃水中的小动物。

名字来源于拉丁语“火焰”一词！身上长着醒目的粉红色羽毛，通常会组成几千至百万只的大型族群。

整个族群齐飞的样子实在太美了！

厉害吧？

嘴里有像滤网一样的构造，可以将要吃的东西过滤出来。

捞起

捞起

进食时会将嘴倒着伸进水里。

睡觉时会单脚站立，平衡感好得不得了！

动物的基本数据

全世界共有六种火烈鸟，主要分布在非洲和南美洲的高山地区。火烈鸟求爱时会跳一段优雅的舞蹈，比如像旗子一样左右摆头，或是展开翅膀。

大小：145厘米

分类：鸟纲 · 红鹳科　**食物**：甲壳类、藻类　**栖息地**：非洲、南美等地

令人惊叹的反差！

火烈鸟……

刚开始并不是粉红色的！

刚出生的火烈鸟是灰色的，
雏鸟经历换毛后会变成白色，
也就是说，火烈鸟并非
一直都是粉红色的！

叽叽！

食用带有特定色素的浮游生物和藻类之后，火烈鸟会慢慢变成粉红色。
但一旦停止摄入，就会变回原来的颜色。

“单靠食物就能改变羽毛颜色！”
大家可能对此感到很震惊，
但其实如果人类摄入大量的
类胡萝卜素（胡萝卜或南瓜），
皮肤也可能变成橙色。

对任何动物来说，极端的饮食生活都会体现在外貌上。

火烈鸟战队

尼罗河鳄

暗藏在水中的獠牙

体形庞大又凶猛的食人鳄鱼！

大小： 4～5.5米

动物的基本数据

别名非洲鳄。繁殖时雌鳄会在地上挖一个洞，一次性产下50枚左右的卵。雌鳄会寸步不离地守在那里，一直到成功孵化。小鳄鱼孵化后，雌鳄会将它们含在口中，然后带到比较安全的水里。

庭院里的鳄鱼和鸡

分类： 爬行纲 · 鳄科　**食物：** 鱼、哺乳动物等　**栖息地：** 非洲等地

不为人知

令人惊叹的反差！

尼罗河鳄……

水里的站姿非常可爱！

尼罗河鳄露出水面的脑袋看起来很可怕，但如果从水里看的话……

它们的尾巴也像腿一样，能起到支撑和保持平衡的作用。

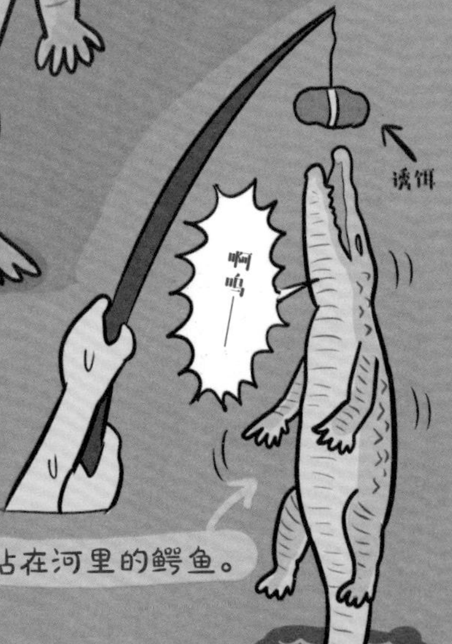

有人甚至目击到只靠尾巴，就站在河里的鳄鱼。

这种姿势虽然看起来很可爱，但也从侧面证明了鳄鱼的肌肉有多发达！

※ 不是一直站着，持续时间只有几秒。

棱皮龟

超重量级的古代乌龟

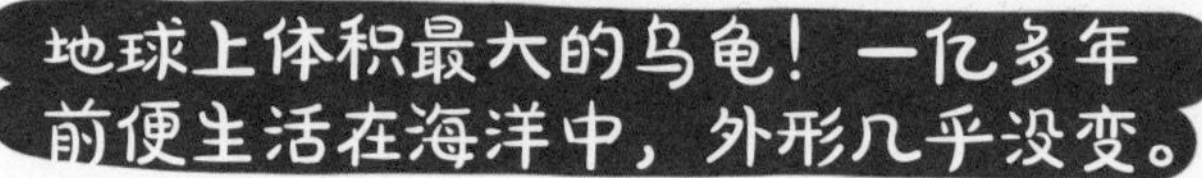
地球上体积最大的乌龟！一亿多年前便生活在海洋中，外形几乎没变。

全长4米。

真不错啊！

已经灭绝的远古恐龟

弹弹

在恐龙灭绝中幸免于难，虽然是乌龟，却没有硬壳，背部的手感像橡胶。

在寒冷的海域也能生存，这在乌龟里是非常罕见的。

150米

蠵龟

什么都看不见。

1200米

棱皮龟

乌龟中的潜水高手，最深能潜到1200米左右。

据说是乌龟中较擅长游泳的，最高时速可达20千米。

1000枚卵里只有1枚能顺利长大。

动物的基本数据

在全世界的热带和亚热带海洋中游动，水温低于15℃的冷水海域也能生存。为了让身体保持一定的温度，它们会一刻不停地游动。

大小： 120～190厘米

分类： 爬虫类 · 棱皮龟科　**食物：** 水母等　**栖息地：** 太平洋、大西洋、印度洋

令人惊叹的反差！

棱皮龟的嘴里……

看起来很像怪物！

哦啊啊啊啊

棱皮龟的嘴里长着被称为“乳头突”的角质皮刺！这个“刺”是为了捕捉身体柔软又滑溜的水母。

呜啊——

皮刺一直长到喉咙深处，所以能像传送带一样，将水母送到胃里。

呜啊啊——

传送

角质皮刺

水母热量很低，棱皮龟为了获取足够的营养，一定要大量摄入才行。因此棱皮龟每天要吃大量的水母，进食量占到了体重的73%。

有时也会吃螃蟹、乌贼和鱼等，但主食还是水母。所以棱皮龟的身体里累积了很多水母的毒素，如果误食可是会中毒的哦！俗话说，“漂亮的玫瑰都是带刺的”，原来巨大的海龟也带着毒和刺啊。

XĪ
蠵龟

巨型海龟

数量最多的海龟！

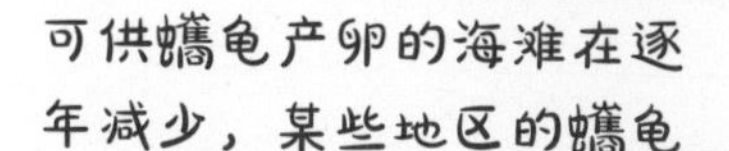

可供蠵龟产卵的海滩在逐年减少，某些地区的蠵龟甚至面临灭绝的危机。

英文名是“loggerhead”。

超巨型的脑袋

太过分了吧！

游泳时最高时速可达25千米。

（游泳运动员的时速约为7千米。）

主食是水母、贝类和鱼类，对毒有耐受性，连剧毒的水母都能吃。

好可怕～

蠵龟成年后，会回到自己出生的海滩。为此，它们不惜游上数千千米。

蠵龟能通过地球的磁场确定自己目前所在的方位，以及出生海滩的位置。

记下来吧！

出生的海滩！

蠵龟是日本民间故事中浦岛太郎骑着的海龟，然而……

动物的基本数据

除了产卵，蠵龟一直生活在海上。它们前肢的形状很像船桨，非常适合划水游泳。蠵龟虽然是乌龟，但头和四肢却不能缩进壳里！

大小：1米

分类：爬行纲 · 海龟科　**食物**：水母、鱼、贝类　**栖息地**：全世界的温暖海洋

令人惊叹的反差！

蠵龟的背上……

竟然住着甲壳动物？

科学家们在蠵龟背上发现了新品种的甲壳动物！

它属于原足目，跟虾有很近的亲缘关系。

雌性的钳子比较小。

根本没有传说的感觉啊……

在日本传说中，浦岛太郎是乘着蠵龟到的龙宫城。所以这种寄生甲壳动物的名字里也带有"浦岛"两个字。（正式名称为*Hexapleomera urashima*。）

哇

还有一种叫"乙姬※海蛞蝓"的动物。

※乙姬：日本传说中邀请浦岛太郎做客龙宫的龙女。

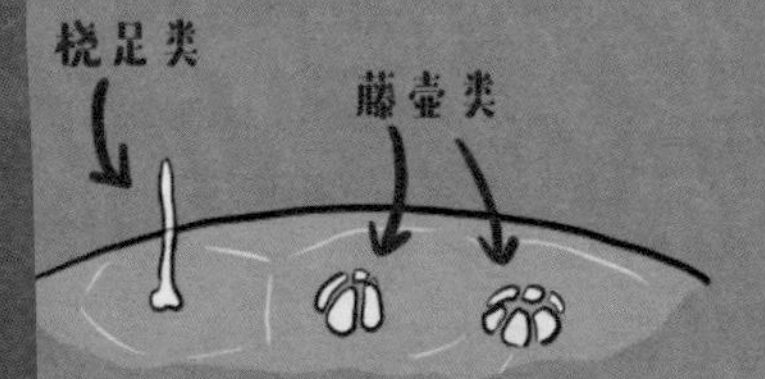

蠵龟背上生活着各种各样的微小生物，但它们的生态系统目前还是个谜。

蠵龟背上存在着很多未知的谜团，简直像玉手箱※一样。

※玉手箱：乙姬送给浦岛太郎的礼物。

金环胡蜂

无敌的杀戮机器！

日本最大的胡蜂！

飞行时时速可达40千米，所以光靠跑步是摆脱不掉它们的！它们会用有力的大颚叮咬猎物。

金环胡蜂凶猛且毒性很强，是日本较危险的动物之一。日本每年大约有20人被胡蜂蜇死（比被熊杀死的人数还要多）。

用尾部的毒针注入毒素。

金环胡蜂会用大颚发出响声威慑对方。

金环胡蜂的战斗力在昆虫界是最强级别的！据说30只金环胡蜂就能在几小时内杀死30000只蜜蜂。

动物的基本数据

金环胡蜂的巢建在地下，它们能悄无声息地接近并袭击人类。金环胡蜂的毒针是从产卵管进化而来的，所以会蜇人的只有雌性。雄性只在繁殖期活动，而且数量很少。

大小：27～37毫米（工蜂）、50毫米（女王蜂）

分类：昆虫纲·胡蜂科 **食物**：花蜜、树液、昆虫 **栖息地**：日本北海道至九州、中国

令人惊叹的反差！

凶猛的金环胡蜂……

有时也会被蜜蜂反攻！

Lv.1

VS

Lv.99

金环胡蜂是昆虫界战斗力最强的，弱小的蜜蜂与它根本就不是一个级别的。

但有时蜜蜂们会群起而攻之，将金环胡蜂团团围住！

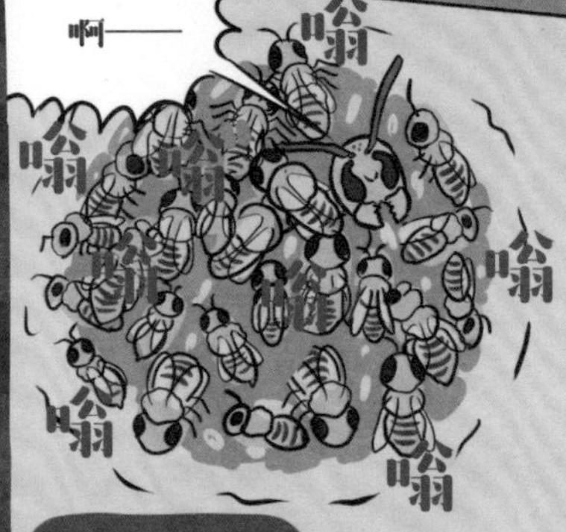

包围金环胡蜂后，蜜蜂会通过振动翅膀，让蜂球内的温度不断升高，用高温将金环胡蜂“闷死”（最高温度可达46℃）！这是亚洲蜜蜂对战金环胡蜂时特有的作战方式！

被称为“热杀蜂球”！

金环胡蜂有着压倒性的力量，但是个体的强大不一定能完全决定胜负。这就是昆虫界不可思议之处。

裸海蝶

冰海中的“天使”

生活在北冰洋等冰冷海域的浮游生物！

没品位的名字。

由于形态优美，裸海蝶又被称为“冰海天使”，但是……

动物的基本数据

其实裸海蝶共有五种。在日本，人们将冬天会出现在北海道的巨人海天使（学名：*Clione elegantissima*）称为“裸海蝶”。2017年，学者在日本富山湾发现了裸海蝶的新品种。

大小：4.5~4.7厘米

※日语中“我要栗子”和“裸海蝶”的发音一样。

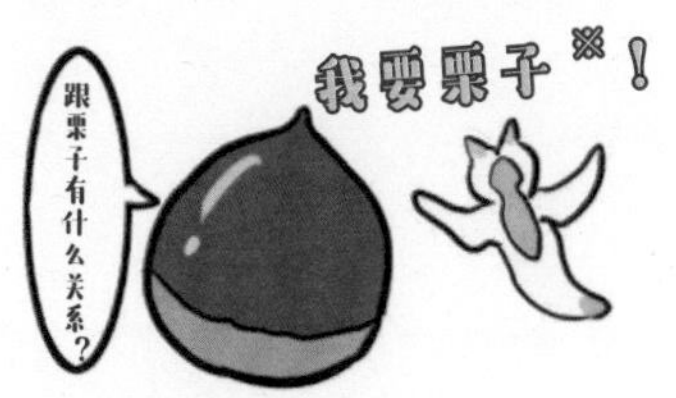

分类：软体动物门 · 海若螺科　**食物**：浮游性卷贝　**栖息地**：北冰洋等

令人惊叹的反差！

被称为“冰海天使”的裸海蝶……

竟然是用触手捕食的！

裸海蝶在水中漂荡的样子很优雅，但捕食的场景却非常可怕！捕猎时，裸海蝶的脑袋会突然爆开，

然后伸出六条触手捉住猎物！

裸海蝶的主食是同为浮游生物的蟠虎螺。

抓住蟠虎螺后，它们会将蟠虎螺的肉从壳里拽出来吃掉。

有记载，裸海蝶进食后可以维持半年至一年，看来海洋中的“天使”还是不太喜欢杀生的。

蚊子

最烦人的昆虫

一叮一个包而且会发出烦人的嗡嗡声。人们耳熟能详的吸血昆虫！

只有产卵前的雌蚊才会吸血。

一秒内翅膀能扇动800下，所以会发出独特的嗡嗡声（声音是其他昆虫的好几倍）。

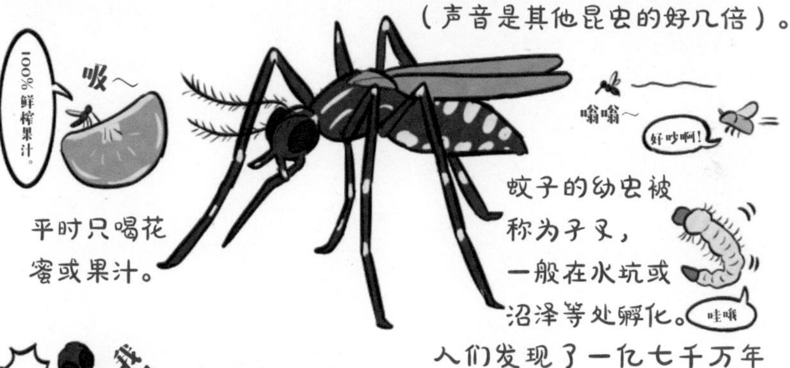

平时只喝花蜜或果汁。

蚊子的幼虫被称为孑孓，一般在水坑或沼泽等处孵化。

蚊子嘴上其实有六根针！

人们发现了一亿七千万年前的蚊子化石……

当时是侏罗纪时期，也就是说蚊子在恐龙生活的时代就已经存在了。

够不着……
吸
可恶……

蚊子叮咬能引起过敏，而且它们吸血时会注入唾液，这会导致皮肤瘙痒。

动物的基本数据

世界上共有2500多种蚊子，在日本约有100种。一般昆虫都有两对翅膀，但蚊子没有后翅，只有一对前翅。

大小： 1～15毫米

蚊子只是一种小小的昆虫，然而……

分类： 昆虫纲·蚊科　**食物：** 花蜜、果汁　**栖息地：** 全世界

令人惊叹的反差！

蚊子竟然是……

人类最大的敌人！

导致人类死亡最多的动物，竟然是小小的“蚊子”！

蚊子不像鲨鱼和狮子一样会给人类带来致命伤害，
但每年却有多达100万人因为蚊子传染的病菌失去生命。
按照这个数字，
蚊子确实是最恶劣的害虫，
也是人类“最大的敌人”。

好烦人啊！
嗡
悲哀的人类……

有学者认为，人类就是因为这种威胁，才将蚊子发出的嗡嗡声当成“危险且令人不快的声音”。

不过蚊子终究是大自然的一部分，
如果多了解它们的生态习性，
应该就能找出一些对策吧。

亚马孙巨人食鸟蛛

恐怖的剧毒蜘蛛?

泛称"塔兰托毒蛛"的带毛巨型蜘蛛!

身上和腿上都长着浓密的毛!

"塔兰托毒蛛"最初仅指南欧狼蛛科的塔兰托狼蛛，后来泛指捕鸟蛛科的毒蜘蛛。

粉红色

钴蓝色

常用身上的细毛攻击敌人!

也有很多颜色鲜艳的品种。

呜啊——

不会织网做陷阱，而是直接攻击猎物。

有时会捕鸟吃，被称为"食鸟蛛"。

它们的螯肢非常尖利，能够轻易咬坏塑料。

（有时能长到小狗那么大。）

恐怖的外表让人觉得它们身带剧毒，但是……

动物的基本数据

南美洲有人会食用亚马孙巨人食鸟蛛。他们用火烧掉食鸟蛛身上的毛，然后用香蕉叶包着烤熟。

大小： 10厘米

分类： 蛛形纲 · 捕鸟蛛科　**食物：** 昆虫、小鸟等　**栖息地：** 南美洲北部

令人惊叹的反差！

塔兰托毒蛛其实……

没什么毒性！

“塔兰托毒蛛都带有剧毒！”这其实只是一个误会！

如今被称为“塔兰托毒蛛”的蜘蛛，
所带毒性并没有那么强（比蜂类的毒还弱）。
最早被称为“塔兰托毒蛛”的狼蛛，
在它的栖息地附近，
还生活着蝎子和间斑寇蛛，
很多人因为中了这两种动物的毒而死亡，
也许是把这笔账算在塔兰托
毒蛛的头上了吧。

其实是我们干的！

塔兰托毒蛛外表可怕，
其实危险性并没有想象
中那么高，不过它们的
螯肢和毛还是挺危险
的，要多加注意。

虾夷扇贝

北海中的美味佳肴

生活在海底沙层中的大型双壳贝类！

在日本，北海道的捕获量最大。它是一种很有名的美味食材。

砂囊
贝柱
鳃
裙边
生殖巢

滋滋滋滋
烤扇贝
很美味哦！
贝柱

野生扇贝的壳上长着年轮似的条纹，可以据此推算年龄，寿命一般在10～12年。

扇贝的外套膜（裙边）周围有八十多只小小的眼睛（眼点）可以感知光线强弱，

当有天敌（如海星等）靠近时，它们马上就能探知到。

扇贝看上去躺在海底一动不动，其实……

动物的基本数据

扇贝主要栖息在水深20～30米的冷水海域，它们平时会潜到沙子里。它们刚出生时都是雌性，到了第二年会有一半变成雄性。打开贝壳后可以通过生殖巢的颜色区分，红色的是雌性，白色的是雄性。

大小：20厘米

分类：双壳纲 · 扇贝科　**食物**：浮游生物等　**栖息地**：太平洋、日本海等

令人惊叹的反差！

虾夷扇贝是……

靠喷射水流游泳的！

别看扇贝平时一动不动，
一旦有敌人（如章鱼或海星等）靠近，它们就会靠喷射水流快速逃跑！

而且速度竟然能达到每秒60厘米……

虾夷扇贝在日本被称为“帆立贝”，
这是因为人们以前误以为，
它是双壳张开，
像帆船一样移动的！

大概是因为扇贝肉嫩味鲜，
被各种动物觊觎着，
所以才需要这种激烈的逃生手段吧。

眼睛不是长在那里吧！

澳大利亚箱形水母

栖息在澳大利亚的剧毒水母

世界上毒性最强的水母，最近120年间导致数千人死亡！

水母一般是没有眼睛的，平时只是漫无目的地漂荡。

澳大利亚箱形水母有24只眼睛。

哇啊——

澳大利亚设有专门的警示牌……

它们会主动狩猎，还能通过"伞体"调节游动的方向和速度。游泳时速可达5～7千米。

它的触须上生长着数千个储存毒液的刺细胞！人被刺到后会伴随着剧痛而休克，所以有很高的概率会溺亡！

等等我！

咻

谁会等你啊！

人类的游泳时速约为4.8千米。

即使侥幸存活下来，受的伤也不轻。

大海真广阔啊！

它还有个别名叫"海黄蜂"。

动物的基本数据

世界上共有两种箱形水母，其中澳大利亚箱形水母的毒性是最强的。储存在刺细胞中的毒素不是水母主动放出的，而是只要碰到就会自动释放。

大小： 30厘米（伞体的直径）

分类： 刺胞动物门 · 箱形水母科　**食物：** 鱼、甲壳类　**栖息地：** 澳大利亚等

令人惊叹的反差!

箱形水母虽然有剧毒……

却会被蠵龟吃掉!

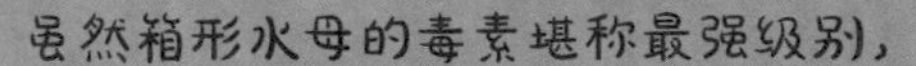

虽然箱形水母的毒素堪称最强级别,
但碰到对毒素免疫的
蠵龟,水母却一点办法也
没有,只能干等着被吃掉!

哇哇——

·最近科学家们已经研发出了专门对抗箱形水母毒素的药物。
海滨浴场也架设了很多拦截水母的专用网,
箱形水母导致的死亡事故正在逐年减少,
它们对人类的威胁也在逐渐减弱。

哇哇——

但是近些年经常发生蠵龟将塑料袋当成水母误食而亡的事件,
也许人类这种满不在乎的行为才是地球上的"最强毒素"。

第2章

不为人知的特征和特技

众所周知和不为人知的一面

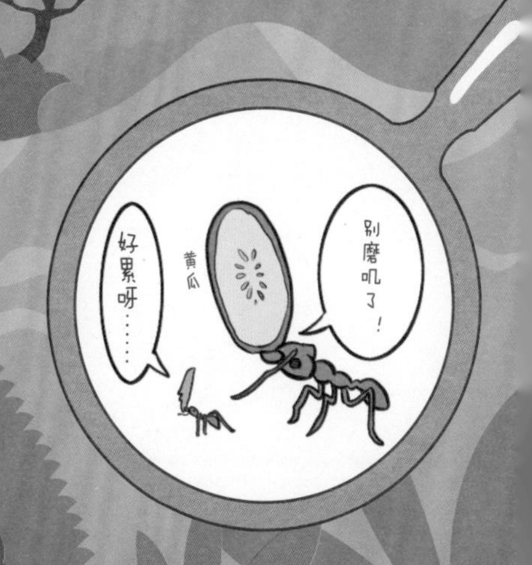

拥有超强本领和特征的强悍动物们

其实我们身边的很多动物都有一些不为人知的厉害本领，或是看起来普通却很惊人的特征。为了生存下去，它们历经各式各样的进化，最终变成顽强的生物。

外表可爱的猫科动物，其实……

薮猫只是体形大一点的猫？不，它看起来很可爱，其实有很多厉害的绝招。

详情请见 p101

提高狩猎成功率的秘密绝招是……

有一种螳螂会伪装成花来狩猎。不过，它似乎还有更高超的绝招！

详情请见 p135

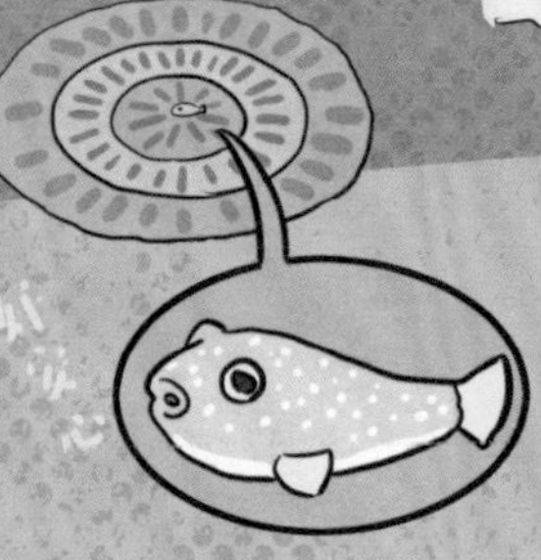

看上去很不起眼，但是……

外表看起来很不起眼的白斑河豚，其实会在海底制造某种神秘的东西哦！

详情请见 p111

柴犬

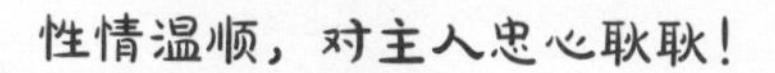

茶色的宠物犬

在日本备受喜爱的犬种！

性情温顺，对主人忠心耿耿！

因皮毛颜色像干柴而得名！

在日本，从古时就被当作猎犬饲养。

通称“Shiba Inu”，在国外也很有人气。

日本绳纹时代的遗迹中曾出土过柴犬祖先的化石。

动物的基本数据

柴犬的运动能力很强，在日本是饲养数量最多的犬种。除了茶色，还有通体洁白的柴犬。在日本涩谷车站有“忠犬八公”的雕像，它的外形很像柴犬，但其实是体形比柴犬大一些的秋田犬。

大小： 40～45厘米

分类： 哺乳纲 · 犬科　**食物：** 肉、人工狗粮等　**栖息地：** 日本

太厉害了！

柴犬其实是……

DNA跟狼最接近的犬种！

科学家们检测了很多品种狗狗的DNA，
发现有些狗的DNA跟狼很相近。

而其中跟狼DNA最接近的竟然是柴犬！

此外，第二接近的犬种是松狮犬！
看来亲缘关系的远近真是没办法从外表上来判断啊！

非洲野犬

大草原上的马拉松选手

生活在非洲大草原上的犬科动物！

虽然力量比不上狮子等猛兽，但体力却非常惊人！

非洲野犬经常成群结队地追赶猎物，等猎物疲惫时再群起而攻之！据说它们狩猎的成功率高达80%，而狮子只有20%～30%。

动物的基本数据

为了防止猎物被狮子等猛兽抢走，非洲野犬会迅速将猎物吃掉，这可以称之为它们的特技。吃饱后，非洲野犬就会回到孩子们所在的巢穴，然后再将食物吐出来给孩子吃。

大小： 75～110厘米

非洲野犬跟鬣狗外形很相似，所以别名叫“鬣犬”。

分类： 哺乳纲 · 犬科　**食物：** 大型哺乳动物、小动物　**栖息地：** 非洲南部

太厉害了!

非洲野犬其实……

社会性很强，甚至会用打喷嚏“投票”！

非洲野犬值得称道的不只是体力，
它们的社会性也很强！
生活在非洲博茨瓦纳的非洲野犬甚至会用
打喷嚏的方式进行类似“投票”的行为！

有研究机构发现，非洲野犬在狩猎前会聚到一起开一场“表决大会”。

赞成	反对
3	1

然后根据到场野犬的喷嚏数来决定是否开始狩猎。
这种规则应该不是简单的少数服从多数，但具体情况目前还不可知。

这种复杂的沟通方式才是非洲野犬的最强武器！
要在充满强敌的非洲大草原上生存，还是需要一些技能的！

猫

世界上最受宠爱的动物

可以说猫是最受人类喜爱的动物!

被当成宠物饲养的猫是“家猫”，家猫的直系祖先据推测是非洲野猫。

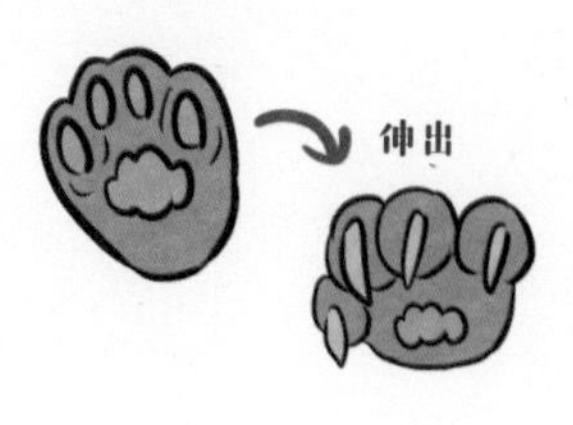

快吃吧!

这是什么?

哇啊——

老鼠

趾甲可以自由伸缩。它们身上的肌肉非常柔软，即便从高处跳下，也可以保持脚先着地的姿势。

早在9500年前，西亚人就开始饲养猫了。目前已经衍生出各式各样的品种。

身上有三种颜色的三花猫，竟然隐藏着惊人的秘密……

动物的基本数据

目前家猫的品种已经超过五十种。它们的舌头非常粗糙，很适合用来梳毛。这是其他野生猫科动物也具有的特征。

大小： 40～56厘米

分类： 哺乳纲 · 猫科　**食物：** 人工猫粮等　**栖息地：** 全世界

太厉害了！

三花公猫……

其实很值钱！

三花猫在日本是很普通的品种，
但三花公猫是非常罕见的！
据说三花公猫的出生概率只有0.003%，也就是每三万只三花猫中只有一只是公猫！

一般情况下，三种花色是只有母猫才会拥有的基因。只有在发生基因突变时才会产生三花公猫。在美国的拍卖会上，一只三花公猫曾经拍出2000万日元（约合人民币132万元）的高价。

目前最昂贵的品种是阿瑟拉猫！
一般在800万日元（约合人民币50万元）至1380万日元（约合人民币87.5万元）之间！不过阿瑟拉猫的个性很强，
平时不太好管教，
管不好就会变得很残暴，
所以其实不太适合被饲养。

薮(sǒu)猫

跳跃力超强的野生猫科动物

身姿纤细而优雅的野生猫科动物！

动物的基本数据

薮猫的腿很长，在较高的草丛中也能行动自如。狩猎时为了不被发现，它们会躲到远处，然后通过瞬间的跳跃捕捉猎物。薮猫身上的很多特征都跟狐狸很相似。

大小：67～100厘米

分类：哺乳纲 · 猫科　**食物**：小型哺乳动物、鸟　**栖息地**：非洲撒哈拉沙漠以南

太厉害了!

薮猫的……

拍击很厉害!!

薮猫的拍击非常厉害!

它们几下就能将一条蛇拍死!

薮猫能靠跳跃躲避毒蛇的攻击。

有时还会跟毒蝎战斗……

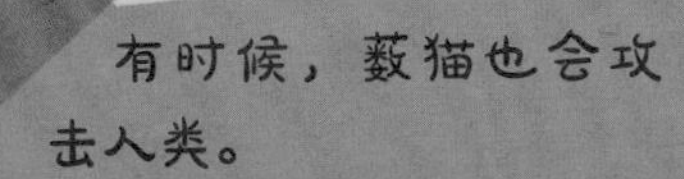

有时候，薮猫也会攻击人类。

看来它们的性情比人类想象中的暴躁呢!

水豚

“治愈系※啮齿动物”？

啮齿动物

老鼠和松鼠等喜欢啃东西的动物。

※治愈系：让人感到平和、温暖的事物。

世界上最大的啮齿动物（跟老鼠同属）！样子敦厚亲和，备受人们喜爱！

动物的基本数据

野生水豚一般以20只为单位组成族群，但到了雨量很少的干旱季节，它们会聚集到有水的湖泊附近。有时甚至会组成100只以上的大族群。

大小：106~134厘米

分类：哺乳纲 · 豚鼠科　**食物**：草、树叶、树皮、坚果　**栖息地**：南美洲

太厉害了！

水豚的生活……

其实一点都不"治愈"哦！

水豚看起来悠闲又"治愈"，简直像吉祥物一样。
但野生水豚的生活其实充满了危险！

水豚的栖息地到处都是猛兽和猛禽，
陆地上有美洲豹和蟒蛇，
空中有秃鹰、水中有鳄鱼……

它们的生活危机四伏，
可不像人们想象中的那么悠闲安宁。

飞——奔

不过水豚有很强的运动能力！

遇到危险时它们能以时速50千米的速度（跟车辆速度差不多）逃跑。此外，它们也很擅长游泳，能在水下待上五分钟。

水豚不仅长得"治愈"，
它们还是能适应野外生活的
最大的啮齿动物。

骆驼

沙漠行者

6000多年前便开始充当人类在沙漠地区的交通工具！

在不喝水的情况下能走160千米。驼峰中储存着35千克的脂肪！

驼峰还有调节体温的作用。阳光集中在驼峰上，能让骆驼体温保持恒定，有效防止身体各处过度发热。

Rakudas

凉

为了防止进沙，眼睛长着长长的睫毛。即使在炎热的沙漠也不会出汗，能很好地将水储存在身体里。

单峰骆驼

喝～～

咕咚

差不多得了！

要你管！

喝水时会一下喝很多。（有时能一次喝下135升的水。）

双峰骆驼

FUTAKOBU

我的驼峰是两个哦。

双峰骆驼主要栖息在亚洲中部地区。

大小：3米

动物的基本数据

野生的单峰骆驼已经灭绝，现在所有的单峰骆驼都是家畜。为了防止进沙，骆驼的鼻孔可以完全闭合。它们的脚掌为了防止陷入沙子，长得也比较宽。

旋转骆驼

分类：哺乳纲 · 骆驼科　食物：草、树枝等　栖息地：印度北部、非洲

太厉害了！

世界上还有……

骑骆驼的大型比赛哦！

咚 咚 咚 咚 咚 咚 咚 咚

中亚地区的一些国家会举办骑骆驼比赛（不是“赛马”，而是“赛驼”）！

骆驼的最高时速可达65千米！
而且奔跑时看起来惊心动魄。

获胜的骆驼与骑手不但能获得很高的荣誉，还能获得高达数亿日元的奖金！

谁让你骑了？

雄骆驼在发情期会变得很具攻击性，
骑着它们赛跑几乎是不可能的。
即使是驯化的骆驼也具有较高的危险性，
所以比赛奖金一般都很高。

不过近些年，
考虑到骑手的安全，
似乎会用机器人来代替骑手。

鲫鱼

吸附在其他动物身上移动

吸附在大型鱼类或动物身上移动，被称为“海洋中的免费旅行家”。

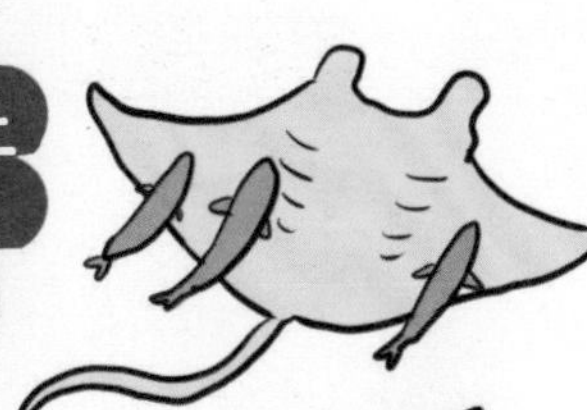

吸附在其他动物身上，能节省能量，如果吸附对象是鲨鱼等强悍的动物，还能顺便得到它们的庇护，甚至吃到它们剩下的食物。

头顶长着大大的吸盘，可以吸附到其他鱼类身上。

它的吸盘很像日本古代的小判金，所以在日本又被称为“小判鲨鱼”。

紧紧吸住

适可而止吧!

有时几条鲫鱼会同时吸到一个动物身上。

鲫鱼搭便车的行为，其实……

大小：100厘米

其实跟鲨鱼一点关系也没有，反而跟鲷鱼和竹荚鱼是近亲。

动物的基本数据

鲫鱼在日本被称为“小判鲨鱼”，虽然它的外形跟鲨鱼很像，但实际上却跟鲨鱼一点关系也没有。吸附在其他鱼类身上的大多是还没成年的鲫鱼，有些鲫鱼成年后会选择自己游动。

分类：硬骨鱼纲 · 鲫科　**食物**：甲壳类等　**栖息地**：东太平洋以外的温暖海域

太厉害了！

搭便车的鲫鱼……

其实对被吸附的动物也有益处！

鲫鱼看上去只是在免费搭车，但其实，它会吃掉被吸附对象身上的寄生生物，所以对被吸附对象而言，它还是有一定益处的。

不仅如此，它们对人类也很有帮助！

鲫鱼的吸盘吸力很强，
即便被吸附的动物在游泳或跳跃，
它们也纹丝不动！

讨厌

没用的！

觉得鲫鱼很烦
想要甩掉它的海豚

人类目前正在参照鲫鱼的吸盘开发一种“吸附机器人”！

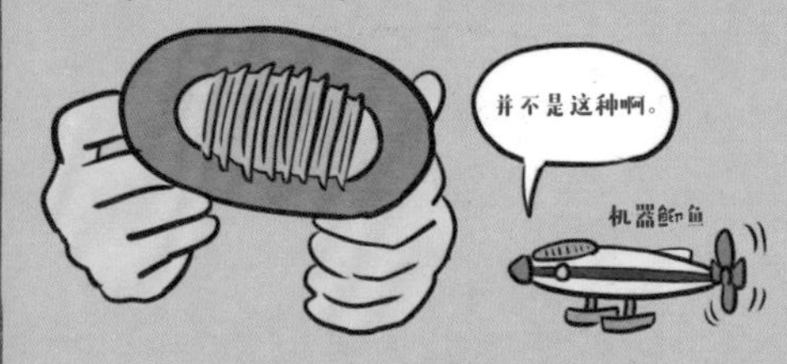

据说这款机器人的吸附力可达自身重量的340倍。

如果将这款机器人吸附到鲨鱼或海豚身上，
就能获得更多关于它们的
信息和数据了。
对其他海洋动物来说，
鲫鱼确实有点烦，
但它的能力却给人类提供
了无限的灵感。

数据获取中……

哔哔

又来了一个烦人的东西！

射水鱼

水面下的射手

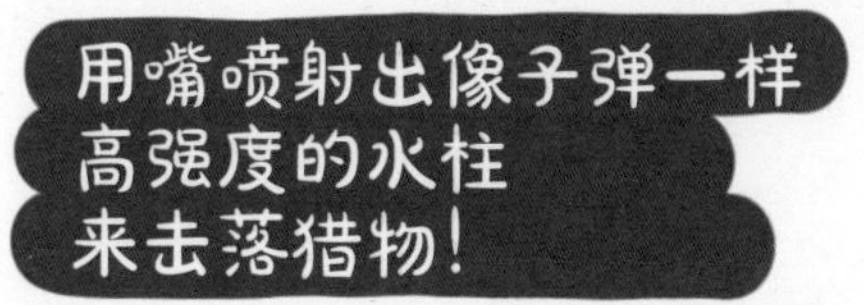

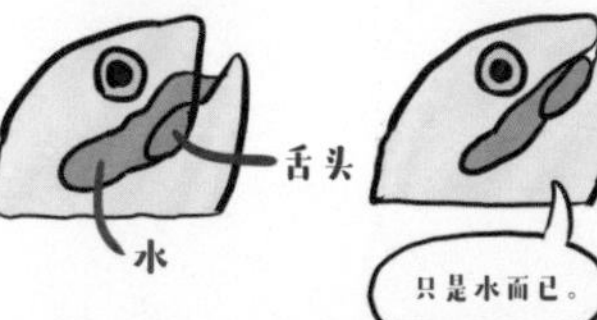

呜啊——

呜啊——

用舌头抵住口腔顶部的凹槽，形成一个管道……

栖息在东南亚地区。

鳃盖闭合时，水流会沿着管道被推向前方，形成一道强劲的水柱，将瞄准的猎物击落。

咬住

呜啊——

射水鱼能修正光在水中因折射导致的误差，它们甚至能命中两米开外的猎物!

看起来的位置

实际的位置

动物的基本数据

射水鱼主要栖息在河口、红树林和近岸浅海，在日本西表岛也有发现。除了击落昆虫食用，它们也会吃小鱼和小虾。

大小： 15～25厘米

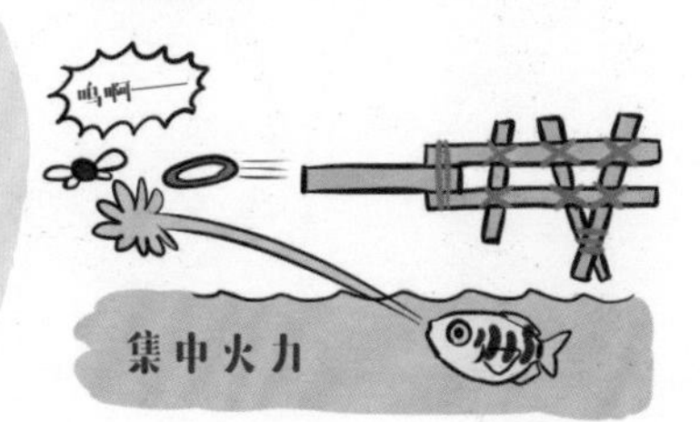

分类： 硬骨鱼纲 · 射水鱼科　**食物：** 昆虫、小鱼、虾等　**栖息地：** 东南亚

太厉害了！

射水鱼……

竟然能区分人的长相？！

学者们发现，射水鱼竟然能很精确地区分人的长相！

将几个人的照片并排放在一起，如果能射中正确的人就给奖励，这就是实验内容。

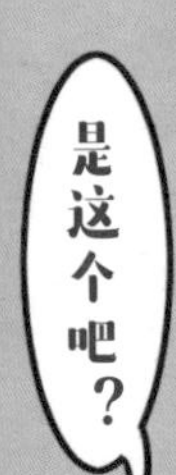

以前，人们以为只有猴子等灵长类动物和像鸟一样聪明的动物才能区分人的长相。

射水鱼是第一个被发现具有这种能力的鱼类。

射水鱼能在复杂的丛林背景中锁定猎物，这也许是它们独有的特技。

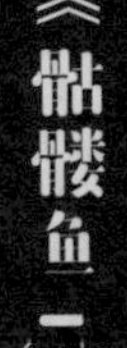

如果不想被射得满脸都是水，还是不要去招惹射水鱼。

《骷髅鱼13》：是一部关于狙击手的漫画。——译者注

白斑河豚

有着奇特习性的河豚

栖息在日本奄美大岛的海底，属于2012年新发现的品种！

它被归为“窄额鲀属”。

在2015年被确认为新品种，还荣登了“世界十大新奇物种”名单。

雄性在求爱时会啃咬雌性的脸颊。

白斑河豚在日本被称为“奄美之星”，这是因为它们身上白色和银色的斑点，容易让人联想起奄美大岛的星空。

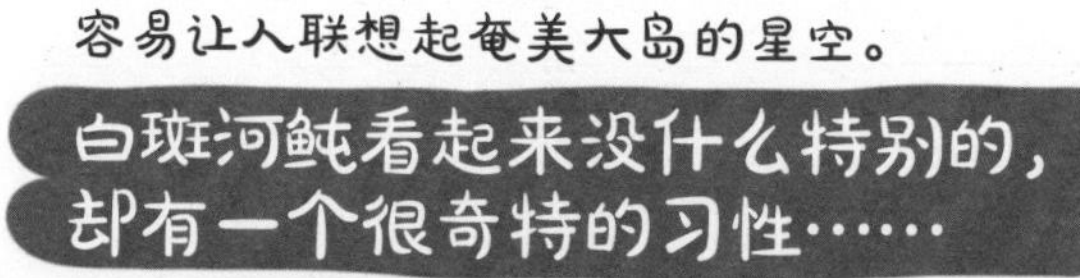

动物的基本数据

大小： 10厘米

白斑河豚的发现要归功于一档电视节目。该节目拍摄了白斑河豚做某件事的场景，学者们调查后发现它是一个新品种。目前白斑河豚身上还有很多未解之谜。

分类： 硬骨鱼纲 · 箱鲀科　**食物：** 甲壳类等　**栖息地：** 日本奄美大岛等地

太厉害了!

白斑河豚会……

在海底制作怪圈!

白斑河豚竟然会在海底制作类似于“麦田怪圈”的奇特图案!

外侧有三十个呈放射状的沟，这是它们用身体和鳍一点一点做出来的。

直径约两米!

这个奇特的图案会在春天至夏天出现在海底。

中心是干净整洁的沙子，白斑河豚会将小石头和贝壳等杂物吸入口中然后运到圈外。

谁也没想到它竟然是小小的河豚制作的!

呜嗯

呜嗯

这个怪圈其实是白斑河豚产卵的巢穴!

雄性白斑河豚会花一周的时间筑巢，之后雌性白斑河豚来到中心产卵。在海底留下像外星人标志一样的怪圈，这种神秘行为还挺符合“奄美之星”这个浪漫的名字的。

盲鳗

翻滚的化石

被称为"活化石"的细长海洋动物！

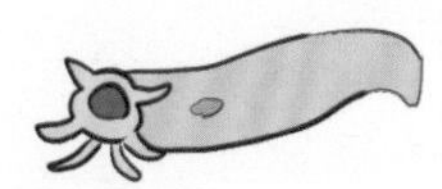

眼睛已经退化，只剩残痕。有三颗心脏。

正面看起来像嘴的部分，其实是鼻孔。

我来喂你。

不能吃。

没有下颌

章鱼也有三颗心脏。

嘴在靠近肚子那一侧，没有下颌，所以被称为"无颌类动物"。

正在吃鲸鱼尸体上的肉。

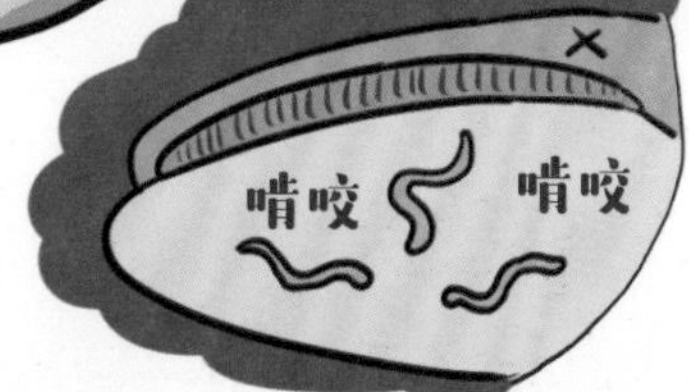

盲鳗身体侧面长着一排小孔……这究竟是干什么用的？

动物的基本数据

全世界大约有七十种盲鳗，而日本有六种。这些盲鳗大多生活在深海，它们会潜入鲸鱼或其他鱼类的尸体里进食。除了盲鳗，还有一种八目鳗鱼也属于无颌类动物，它们其实都不是鳗鱼。

大小：60～80厘米

虽然名字里也有"鳗"，但与鳗鱼是完全不同的两种动物。

分类：圆口纲 · 盲鳗科　**食物**：鲸鱼的尸体等　**栖息地**：南太平洋等地

太厉害了！

盲鳗竟然能……

释放可怕的黏液！

盲鳗最大的武器其实是黏液！
如果遇到危险，它们能在一秒内从身体释放出一升的黏液……

曾经有辆运送盲鳗的卡车因事故翻倒在路上，导致道路和附近的车辆都沾满了黏液。

据说当时为了清理黏液，连推土车都出动了。

这些黏液虽然不好处理，但其中含有一种轻便结实的纤维！

这种纤维可以用来做衣服，也许不久的将来，用这种纤维制成的内裤和长筒袜会变得非常普遍。

箱鲀

坚硬有毒

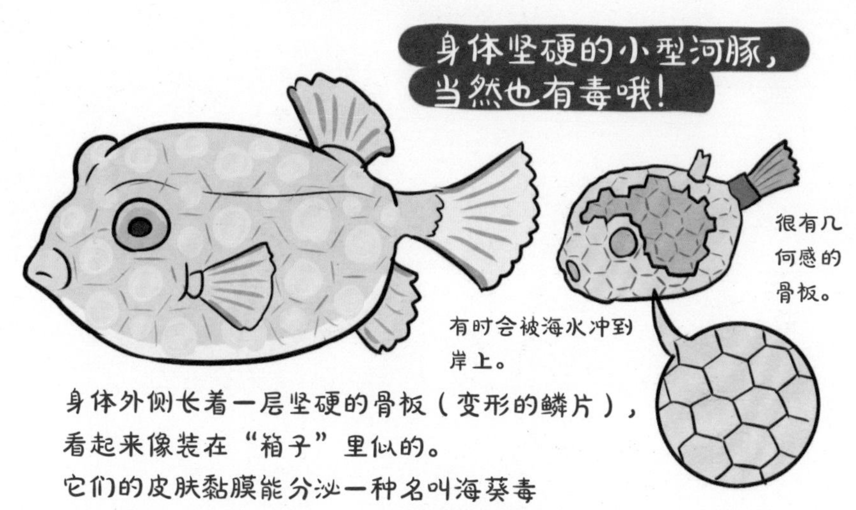

身体外侧长着一层坚硬的骨板（变形的鳞片），看起来像装在"箱子"里似的。

它们的皮肤黏膜能分泌一种名叫海葵毒素的剧毒！这种毒素在感知危险时会自动分泌。

如果将箱鲀放到水族箱里，它释放的毒素能毒死所有的鱼！

即使是3000升的大水族箱里的生物也会被全灭。

它们有时甚至会被自己分泌的毒素毒死。

动物的基本数据

箱鲀的骨板非常坚固，据说自行车的车体构造就参考了它的身体结构。箱鲀的肉可以食用，只要将有毒的皮肤去掉就可以了。不过它们的肌肉和内脏也有毒，吃的时候一定要多加注意。

大小： 25厘米

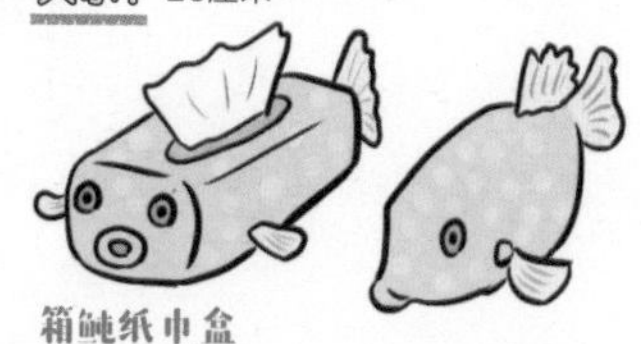

箱鲀纸巾盒

箱鲀的英文名叫"box-fish（箱鱼）"。

分类： 硬骨鱼纲 · 箱鲀科　**食物：** 沙蚕类、贝类、甲壳类等　**栖息地：** 日本近海等地

太厉害了！

箱鲀其实……

不太擅长游泳？

箱鲀身上覆盖着一层硬硬的骨板，
它们无法像其他鱼类一样摆动身体游泳。

而且箱鲀尾鳍上的肌肉较少，
即使身体和尾鳍用力，
也游不了多远。

快游起来，箱鲀小弟！

不过在硬骨板和剧毒的保护下，
其他鱼类轻易不敢对它们出手。

游泳能力
防御力
剧毒

除了游泳，其他能力也太强了吧！

鲷鱼烧

不过，似乎有很多人喜欢看箱鲀努力游泳的样子！

小鱼鱼？！

这个人后来成了日本的著名艺人鱼君。

电鳗

滑溜溜、能放电的鱼

栖息在南美洲河流里的肉食鱼！

能释放出高达600v的强烈电流，能将一匹马电晕。

呜啊——

虽然叫“电鳗”，但其实跟鳗鱼属于完全不同的纲目。

什么

不过电鲶跟鲶鱼却属于同一种纲目。

不解啊。

不会被自己的电流电到。

从头到尾长着数千个“发电板”细胞，占整个身体的80%。

它们的电流既可以用来攻击和防御，还可以用来确定猎物的方位！

动物的基本数据

电鳗一般生活在很浑浊的水中，所以放电这招对它们来说至关重要。在什么都看不清的环境里，放电是一种非常高效的捕猎手段。

大小：2.5米

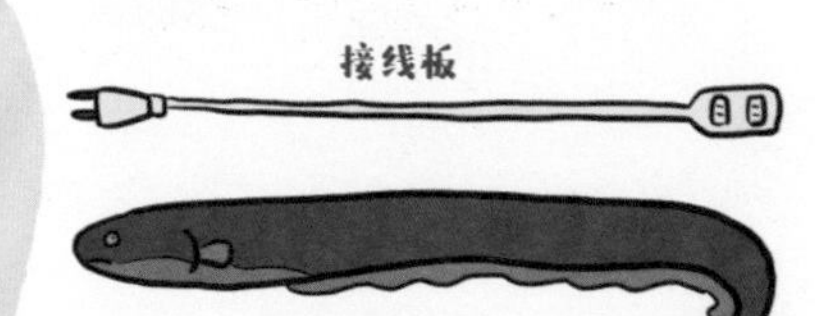

分类：辐鳍鱼纲·裸背电鳗科 **食物**：甲壳类、小型哺乳动物 **栖息地**：南美洲

太厉害了！

电鳗有个……

必杀技！

其实电鳗还有个鲜为人知的必杀技！

它会跃出水面用下颌撞击对方身体，然后放出高压电流！

哇啊！

哔哔哔

哔哔

电鳗这一行为是人们在实验室观察到的，但早在200多年前，渔民之间就已经有类似的传闻了……

必杀技

“电鳗飞扑”

迄今为止，人类被电鳗电死的事故很少发生，但有人在被电后溺水而亡！

电鳗的电击实在太可怕了，不过这也让人意识到动物拥有的独特能力。

黑尾鸥

会“喵喵”叫的海鸥

大小： 37～44厘米

动物的基本数据

保护黑尾鸥的繁殖地，是为了防止它们灭绝。黑尾鸥出没的地方一般都会有鱼群，所以它们一直被视为渔民的帮手，受到渔民的喜爱。

分类： 鸟纲 · 鸥科　**食物：** 鱼等　**栖息地：** 日本，中国东部及台湾等地

黑尾鸥竟然……

什么都能整个儿吞下去！

其实黑尾鸥吃的东西非常杂，即使是较大的食物也能一口吞下！

除了鱼、海星这些海洋动物之外，黑尾鸥还会吃像兔子、老鼠这样的哺乳动物！

有时它们会将活着的动物生吞下去。这个场景看起来相当可怕！

而且黑尾鸥竟然连长满刺的海胆都敢吃！这种大胆的吃法也从侧面证明了黑尾鸥的强悍！

*碗子海胆：源自日本岩手县的碗子荞麦面。——译者注

乌鸦

纯黑色的野鸟？

遍布整个日本的大型鸟类！

鼻子不太灵敏。

有时会用铁丝衣架来制作巢穴。（在鸟蛋的下面铺上干草。）

在日本最常见的乌鸦是这两种——

大嘴乌鸦

嘴呈拱形。

嘴呈锥形。

小嘴乌鸦

大嘴乌鸦在森林生活时，经常会食用腐肉。

大嘴乌鸦一般栖息在城市里，属于杂食动物，基本什么都吃！因为经常乱翻垃圾，所以不太受欢迎。

城市的垃圾袋对大嘴乌鸦来说，应该是像腐肉一样的美食吧！

动物的基本数据

乌鸦会发出多种声音跟同伴交流。大嘴乌鸦主要栖息在城市里，而小嘴乌鸦则大多生活在农村，它们最喜欢的食物是昆虫和青蛙。

大小：56厘米

在人类的食物中，最喜欢的是蛋黄酱。

分类：鸟纲 · 鸦科　**食物：**水果、动物的尸体、雏鸟和鸟蛋　**栖息地：**东亚

不为人知

太厉害了！

乌鸦其实……

并不一定是纯黑的！

世界上有很多种鸦属的鸟类！
在日本，人们普遍认为乌鸦是纯黑的，但其实也有像达乌里寒鸦和厚嘴渡鸦这种黑白相间的乌鸦哦！

独特的叫声和敏捷的行动是这些鸦类的特征。

会自己玩耍

像雪橇一样从积雪的斜坡上滑下来。

将核桃放在路中央，让车辆把壳压碎。

从驾校附近的乌鸦那里兴起的。

会制作工具

用树叶或树枝将藏在树洞里的虫子钓出来。

它们会撕下一小条树叶，用叶子的锯齿来钓虫子。

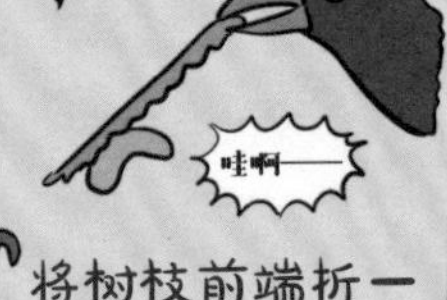

将树枝前端折一下，加工成像钩子一样的工具。

看来乌鸦还有很多隐藏起来的神秘技能啊！

群居织巢鸟

会织布的小鸟

外表跟麻雀相似，看起来很普通。

但既然名字里有“群居织巢”几个字，当然会做出一些惊人的特殊行为啦……

动物的基本数据

生活在非洲沙漠中的织巢鸟是一种群居型鸟类。如果有敌人入侵巢穴，它们会齐心协力地奋起反抗。巢穴是由一个个单间组成的，每个单间里居住着一对鸟夫妻。

大小：14厘米

分类：鸟纲 · 织雀科　**食物**：小虫子、种子等　**栖息地**：非洲西南部

太厉害了！

织巢鸟……

能建造超大的巢穴！

织巢鸟能建出可供500只鸟居住的像庞大建筑物一样的巨型巢穴！

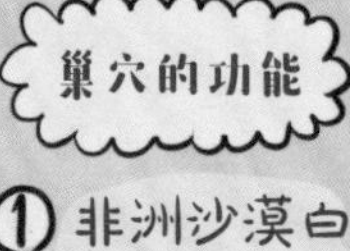

① 非洲沙漠白天气温有40℃，晚上则降至0℃，巢穴能抵御这种温差。

② 不容易被老鹰和蛇等天敌发现。

筑巢时织巢鸟们会通力合作。

建好的巢穴非常坚固。可以维持100年！

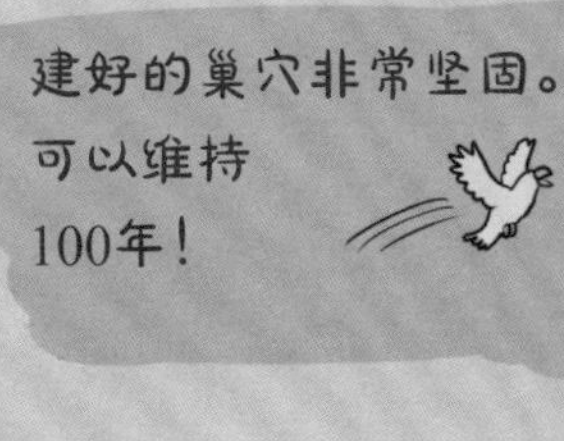

由此可见，织巢鸟是具有很高社会性的鸟类。筑巢时，它们之中还有担任“工头”的鸟，负责监督惩罚那些偷懒的织巢鸟。

帝企鹅

摇摇晃晃的帝王

生活在南极的世界上最大的企鹅！

为了适应–60℃的极寒环境，帝企鹅们长着厚厚的脂肪。

气温骤降时会围成一团来抵御严寒。

脚底是防滑的。

帝企鹅育子时非常辛苦，为了给蛋保温，雄性帝企鹅要一直站着，所以有3～4个月不能进食。

雌性则要到海里为小企鹅捉鱼。

经常被豹海豹、虎鲸等天敌袭击。

企鹅属于鸟纲却不会飞翔，但是……

动物的基本数据

小企鹅在出生后六周左右，就会组成一个群体（幼儿园）。当小企鹅的父母都去海里捕鱼时，它们就会聚到一起抵御严寒的天气。

大小： 112～115厘米

高度跟小学二年级的孩子差不多。

太厉害了!

企鹅……

能在水中高速"飞行"!

企鹅在陆地上走路时摇摇摆摆，
但在水中的游泳速度却非常快!

帝企鹅从冰窟窿跳下去之后，
过了几个小时仍然不见踪影……

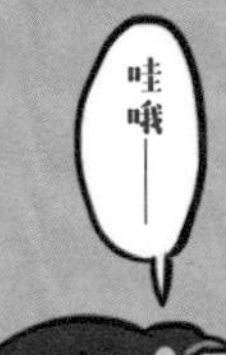

帝企鹅的潜水能力是鸟类中最强的!
最深能潜到564米深，而且能坚持20分钟。

在水面上休整一下，让空气进入羽毛。

捕到鱼之后会先游到水面上。

企鹅身上长着浓密的羽毛，外侧羽毛能防水，还能在羽毛下面储存空气。

从水中豪迈地
飞跃出来！

再次潜水并加速！羽毛中储存的空气会变成泡泡，让企鹅的身体更顺滑，以此来减少海水的阻力！

!!

给我等一下！

为了不被水面附近埋伏的豹海豹捉住，
企鹅们会奋力加速！

用泡泡层来加速
这种技能实在太出人意料了。

最近学者们正在尝试将这种技能用在工学领域上。

帝企鹅并不是“飞不起来”的鸟，
而是选择在“水中飞行”而已，
它们是当之无愧的“速度帝王”！

还有很多哦！

企鹅科的其他小伙伴

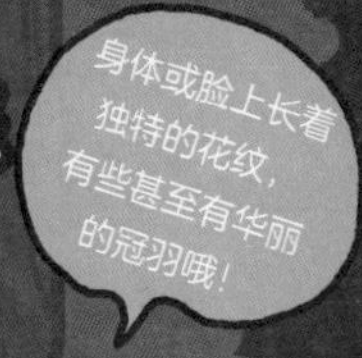

企鹅科还有很多颇具特色的企鹅。让我们来看看它们有什么独特之处吧。

帝企鹅

世界上最大的企鹅。

王企鹅

头部有橙色的花纹。

巴布亚企鹅

眼睛上方有一道白斑。

会用树枝和石头筑巢。

帽带企鹅

脖子底下有一道黑色条纹。

后背是偏蓝的黑色。

皇家企鹅

金色的冠羽。

麦哲伦企鹅

胸部有两道黑色条纹。

栖息在南美大陆和马尔维纳斯群岛。

斑嘴环企鹅

在非洲西南部的群居企鹅。

阿德利企鹅

眼睛周围的白色其实是羽毛。

洪堡企鹅

胸部有一道黑色条纹。

10%的洪堡企鹅被饲养在日本。

凤头黄眉企鹅

会在岩石上跳来跳去。

加岛环企鹅

生活在赤道附近。

小蓝企鹅

世界上最小的企鹅。

犀牛蟑螂

超重量级的蟑螂

它是世界上最大且“最重”的蟑螂！

原产于澳大利亚。

身体太重了，所以飞不起来……

跟大多数蟑螂不同，即使长成成虫也没有翅膀。

最大体重可达35克！跟加卡利亚仓鼠一样重！

野生的犀牛蟑螂跟鼹鼠一样，会在土中挖洞然后以家族为单位一起生活。

动物的基本数据

犀牛蟑螂主要生活在桉树林里，它们在地下挖洞并以落叶为食，所以其实并不脏哦。它们吃掉落叶后排出的粪便，能成为植物的养料。

大小：75毫米

比独角仙还大哦。

分类：昆虫纲 · 硕蠊科 **食物**：桉树叶 **栖息地**：澳大利亚

太厉害了!

犀牛蟑螂……
其实很有人气?!

犀牛蟑螂竟然是很有人气的宠物!
真是让人大跌眼镜!

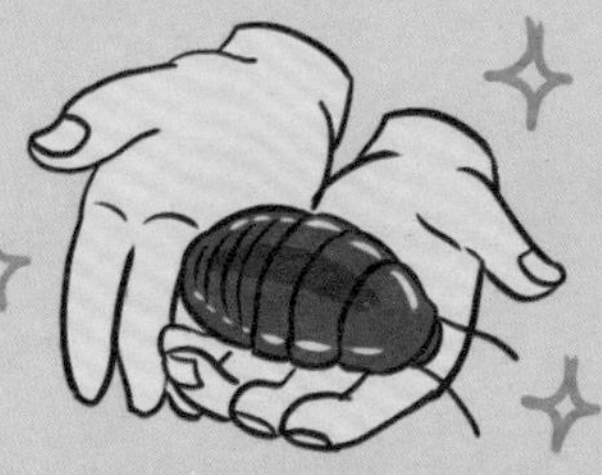

犀牛蟑螂看起来胖墩墩的,
而且像甲虫一样动作很慢。

有的人甚至会将它们捧在手上玩耍。

价格高达三万至五万日元!
它是一种很罕见的昆虫,当然物以稀为贵,

跟小狗价格差不多。

什么?

据说有些个体能活10年左右。

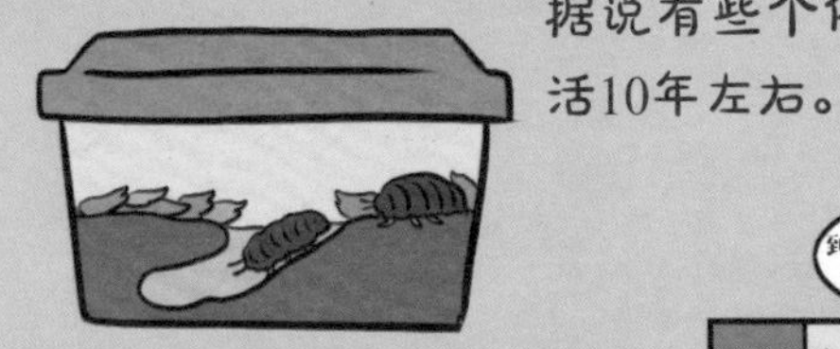

蟑螂是被人深恶痛绝的昆虫,
外形和动作稍加变化,
竟然能成为人气宠物!
也许不久的将来,
人类也能与蟑螂和平共处呢!

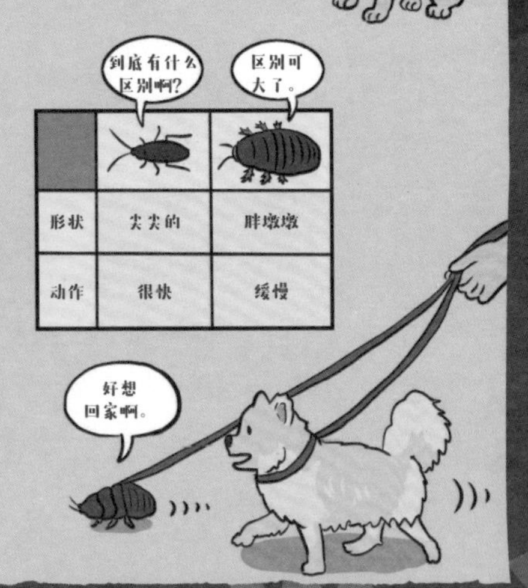

	蟑螂	犀牛蟑螂
形状	尖尖的	胖墩墩
动作	很快	缓慢

切叶蚁

会切树叶的蚂蚁！

栖息在美洲大陆上的蚂蚁！

咔嚓

咔嚓

它们会用锋利的双颚将植物的叶子剪碎，然后排成一队运回巢穴里。

当

当

当

快点走啊！

别慢吞吞的。

这是什么声音？

还会在草地上开出一条类似高速公路的道路！

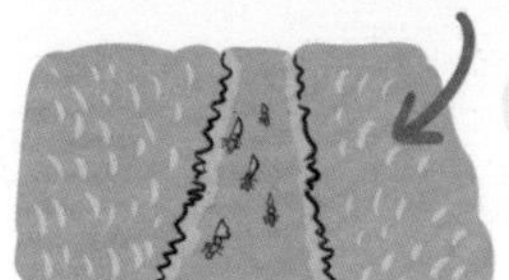

切叶蚁高速公路

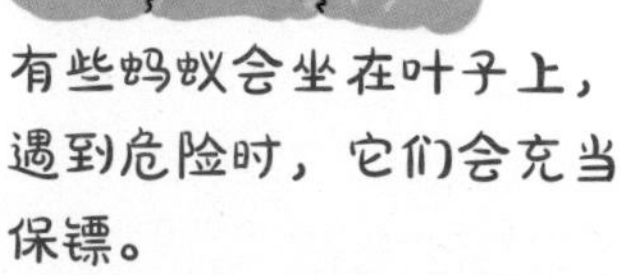

有些蚂蚁会坐在叶子上，遇到危险时，它们会充当保镖。

它们应该不是为了偷懒。

动物的基本数据

世界上共有256种切叶蚁，它们大多栖息在热带雨林里。有时切叶蚁会成群结队地剪切农作物的叶子，对农民来说它们算是一种可怕的害虫。

大小：3～20毫米

分类：昆虫纲 · 蚁科　**食物**：菌类　**栖息地**：北美洲东南部、南美洲

太厉害了！

切叶蚁竟然……

会进行“农业生产”！

切叶蚁会自己制造粮食
简直像“农业生产”一样！

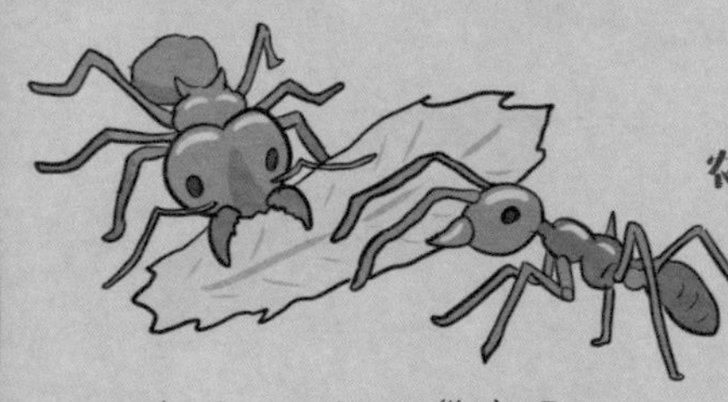

它们会将叶子运回巢穴里，
然后用这些叶子来种蘑菇！
其实说是蘑菇，但长得一点也
不像普通蘑菇，反而更像白色的
海绵。
切叶蚁就是以这些蘑菇为食的。

·种蘑菇的工蚁。
·搬运树叶的工蚁。
·战斗的兵蚁。
切叶蚁的分工非常明确，
正因为拥有如此高的社会性，
切叶蚁才能完成像“农业生
产”一样复杂的作业。
据说人类是从一万多年前开始
进行农业生产的，而切叶蚁的
农业生产可以追溯到五千万年前。
从某种意义上讲，它们算是我们
的前辈呢。

源氏萤火虫

盛夏夜晚中的点点微光

释放微弱的光芒，在空中翩翩起舞。代表日本夏天的昆虫！

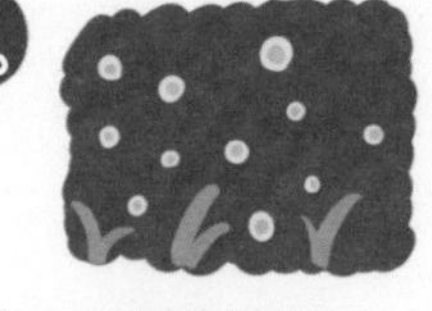

用尾部发出的光芒来跟同伴交流。

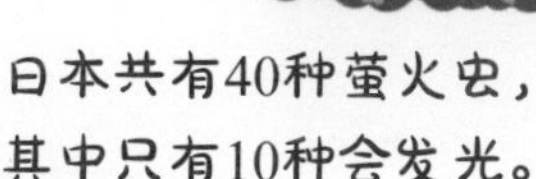

日本共有40种萤火虫，其中只有10种会发光。

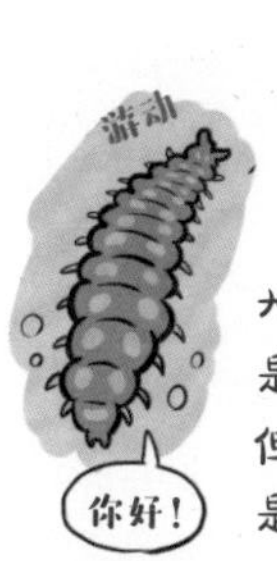

大多数萤火虫的幼虫时代是在陆地上度过的，但源氏萤火虫的幼虫时代是在水中度过的。

尾部长着发光器，用体内的发光物质和酵素来发出光芒。

喜欢吃一种名叫川蜷的螺。

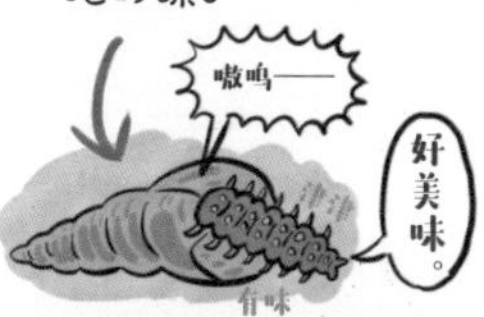

身上发出的红光还有警示作用，像是在对天敌说："我一点也不好吃哦！"

好难吃！

萤火虫的光芒中隐藏着什么秘密呢？

动物的基本数据

有些萤火虫的成虫是不会发光的，但源氏萤火虫从卵→幼虫→茧→成虫都会发光。卵和幼虫之所以发光是为了威慑敌人，或是受到了某种刺激。

大小：10～16毫米

分类：昆虫纲 · 萤科　**食物**：川蜷　**栖息地**：日本本州、四国、九州

源氏萤火虫的……

发光方式竟然还有地域之分？！

源氏萤火虫的发光方式会在日本以富士山为界，分为关东型和关西型两种！
就像我们人类一样，它们也是有方言的！

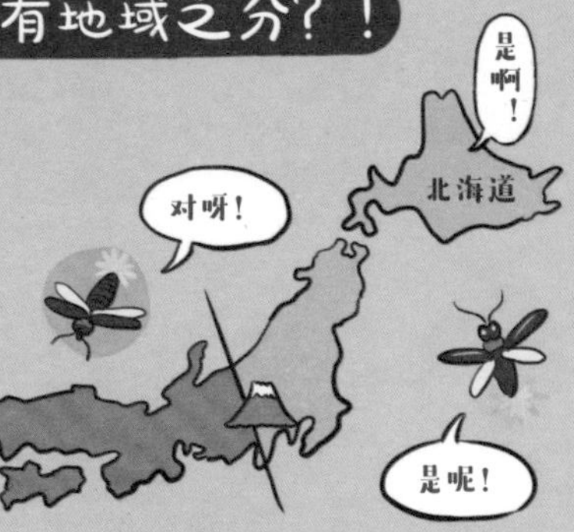

萤火虫专家

东西两地萤火虫发光的区别主要在于间隔时间。
关西型萤火虫的发光频率为2秒/次。
关东型萤火虫的发光频率为4秒/次。
差距在两倍左右。

如果萤火虫的发光频率不同，就无法辨别对方的性别，也就不能繁衍后代……
看来对萤火虫而言，充当语言的“光芒”是很重要的。

兰花螳螂

经常被误认为是花！

栖息在东南亚等地
长得很像兰花的螳螂！

用花一样的外表吸引蜜蜂等昆虫，当它们靠近时再迅速将它们捉住。
捕捉过程竟然只需0.03秒！

是花~
呜啊——
啪

幼虫时期长得最像花。

长得像花的只有雌性。

雄性的体形小，颜色也很朴素。

兰花螳螂能像兰花一样吸收紫外线，所以即使是能看见紫外线的蜜蜂也会上它们的当哦！

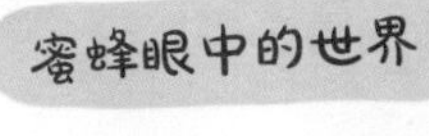

花
是花！
兰花螳螂

动物的基本数据

与善于伪装成花朵的雌性兰花螳螂不同，雄性兰花螳螂长得又小又不起眼。尽管如此，它们仍然顽强地生存着，比如利用速度优势来捕食等。

大小： 70毫米（雌性）、35毫米（雄性）

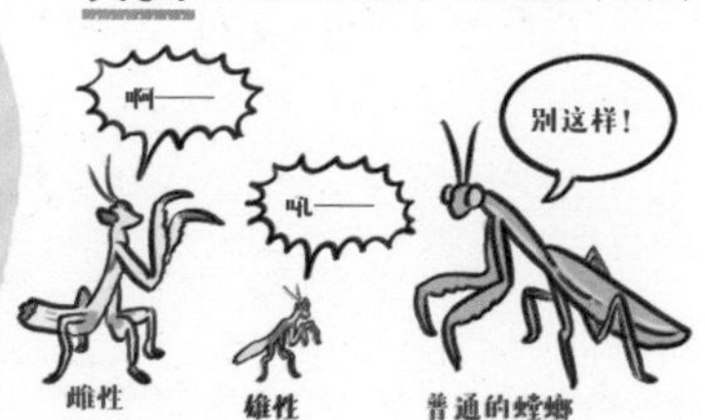

分类： 昆虫纲 · 花螳科 **食物：** 昆虫 **栖息地：** 东南亚

太厉害了！

兰花螳螂其实……

还有更高超的捕食手段！

蜜蜂被兰花螳螂吸引后竟然会从正面飞向自己的天敌，好像在说“请吃我吧”一样。

这是因为兰花螳螂不仅外表像兰花，它们还能释放一种吸引蜜蜂的化学物质！

这种物质与蜜蜂交流时使用的“接头暗号”的味道很像，会让蜜蜂将它们误认为是同伴！

兰花螳螂除了用外形还会用味道来蒙骗猎物，它的手段实在是高超……真是美丽又恐怖的“骗术高手”！

海胆

大海中的刺球

栖息在全世界海洋中的带刺棘皮动物！

棘皮动物有：

海胆是一种非常有名的食材。

以海带为食。

刺的间隙里长着管状器官！

它们就是利用这些管足在海底移动的。

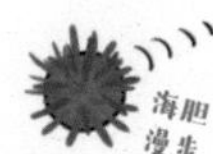

人类食用的部分是海胆的卵巢。
雌性海胆一生能产卵五亿枚。

被海胆刺到，怎么办？

动物的基本数据

有些海胆是有毒的，被它们刺到是件很危险的事。同时海胆还是美味的高级食材。不同地区、不同种类的海胆的寿命也完全不同，有些海胆甚至能活200年以上。

大小： 5厘米（去刺之后的大小）

分类： 棘皮动物 · 长海胆科　**食物：** 海带等海藻　**栖息地：** 日本、中国台湾等地

太厉害了！

海胆竟然……

全身都长着眼睛？

海胆其实没有所谓的眼睛，
但研究表明它们能用刺来感知光线，
从而"看清"世界！
也就是说，它们将整个身体的刺，
当作一个巨大的"眼睛"来使用。

海胆会根据光线改变自己的行为！

不喜欢光线，躲到暗处。

感知到天敌的影子，开始准备逃跑。

海胆的视力可能与刺的数量和位置有关。

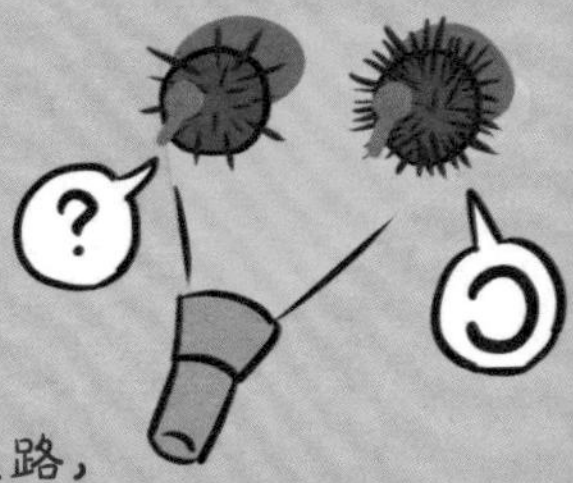

海胆全身都是"眼睛"，如果按照这个思路，
很容易让人联想到以下场景吧……

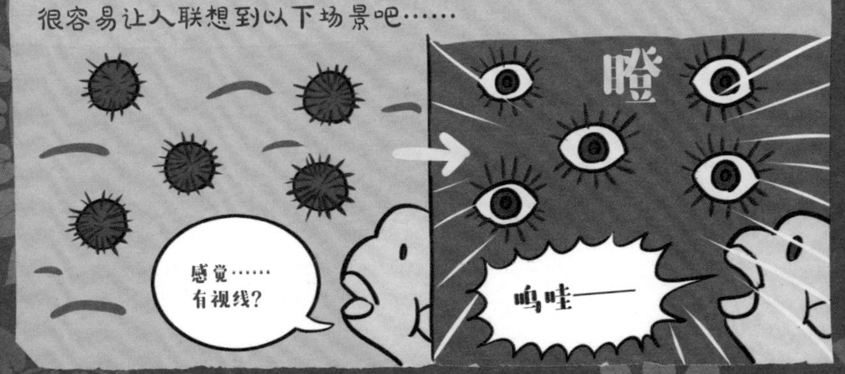

拟态章鱼

海洋中的"模仿达人"

拟态章鱼是当之无愧的模仿达人，它们能模仿各种动物！

可以模仿一些不容易遭到袭击的动物。

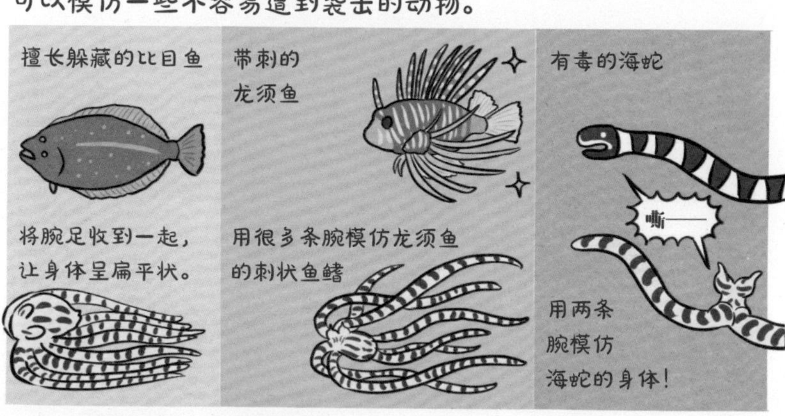

动物的基本数据

拟态章鱼是1998年在印度尼西亚的海里发现的章鱼新品种。拟态章鱼主要栖息在没什么遮挡物的沙地上，一般靠模仿有毒的鱼类来保护自己。2012年在澳大利亚也发现了它的身影。

大小： 60厘米

斑马章鱼

分类： 软体动物 · 蛸科　**食物：** 甲壳类　**栖息地：** 印尼、澳大利亚

太厉害了！

拟态章鱼……

到了晚上就会停止拟态！

拟态章鱼的拟态可谓千变万化，
但能力再强没人看也就没有意义了。
到了晚上，它们一般会藏到洞穴里，
所以想看到它们变身的瞬间是件很难的事，

甚至要出动外表像"鱼眼"一样的固定摄像机才能拍到。

轰动照片！
走出酒店的瞬间便被拍下照片的拟态章鱼先生。

最常见到拟态章鱼的也许是鱼吧……
因为竟然有模仿拟态章鱼外形的鱼类！
摄像机拍下了这种鱼模仿章鱼触手后，
不知不觉地从章鱼身边游走了！

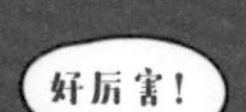

这种鱼好像跟后颌鱼同科。

拟态章鱼正在练习模仿。

目前还不清楚，这究竟是一种偶然的行动，还是新的生存策略。
看来身为"模仿达人"的拟态章鱼也不能掉以轻心啊！

缩头鱼虱

默默藏身不引人注目

体形非常小的甲壳类动物，容易被鱼一口吞下。

从浅海到深海，活动区域非常广。目前已知的品种大约有330多种。

长着很多条腿，身体也分为很多节，隶属于等足目。跟卷甲虫和大王具足虫有一定的亲缘关系，样子也长得很可爱。

但其实有一种非常骇人听闻的习性……

动物的基本数据

世界上共有330多种缩头鱼虱，它跟卷甲虫有一定的亲缘关系。缩头鱼虱是一种寄生生物，有些品种会寄生在鱼皮、鱼鳃或鱼腹里。不同种类的缩头鱼虱会寄生到不同的鱼身上。

大小： 4～5厘米（雌性）、2厘米（雄性）

分类： 甲壳类 · 缩头水虱科　**食物：** 鱼的血液　**栖息地：** 全世界的海洋

太厉害了！

缩头鱼虱竟然会……

吃掉宿主的舌头然后取而代之！

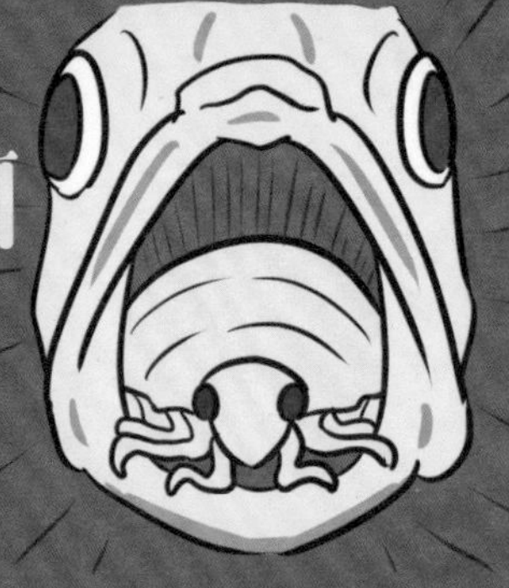

缩头鱼虱竟然是能寄生在鱼类嘴里的寄生生物！

它会从鱼鳃进入鱼的口腔，代替鱼舌的工作！

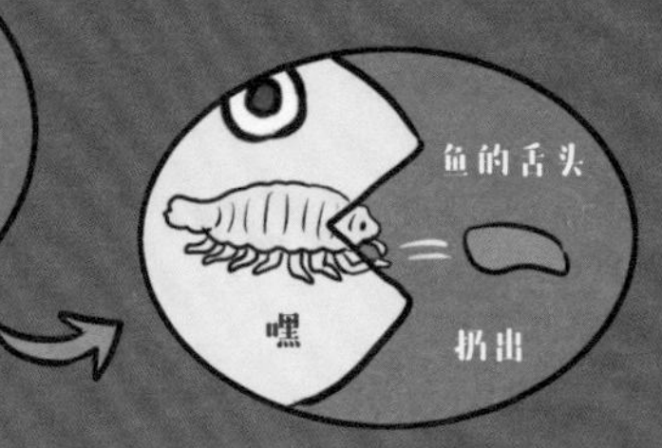

被寄生的鱼会慢慢失去舌头，而缩头鱼虱则会取而代之成为新的“舌头”，并继续以鱼的血液为食。

被寄生的鱼并不会死亡，但一般会发育不良。

不过它不会寄生到人身上，所以即使不小心吃下去也没关系。

第3章

奇特的生活方式

众所周知和不为人知的一面

无论哪一面都非常不可思议的动物们！

“竟然还有这样的动物！”“为什么会长成这样？”世界上其实有很多能让人发出这种惊叹的动物。它们的任何一面都非常不可思议，让我们一起去看看吧！

看起来很可爱的猴子却……

表面看上去是毛茸茸的可爱猴子，其实是非常危险的动物！

体形巨大的深海乌贼却会……

巨大的大王乌贼是很有人气的神秘深海动物。它竟然会跟某种动物展开殊死决斗！

永远无法长大的不可思议的体质……

“想永远当个小孩！”这对人类来说是不可企及的愿望，但钝口螈却一辈子都能保持孩童的模样……

鸭嘴兽

看起来很魔幻却是真实存在的

嘴和脚像鸭子，躯干则像河狸，全身像是拼凑出来的不可思议的动物。

哇哦！

虽然是哺乳动物却能下蛋！

为了抵御冬季的严寒，尾巴里储存着很多脂肪。

鸭嘴兽是1798年被发现的！但当时人们以为它的标本是由几种动物拼凑出来的。

刚出生的小鸭嘴兽是喝母乳长大的！不过它们还没有长喙，所以只能一点一点地舔舐从乳腺流出的乳汁。

嘴巴的质感跟橡胶差不多，能感受到微弱的电流。鸭嘴兽就是用嘴巴来寻找猎物的。

!!

动物的基本数据

鸭嘴兽游泳时，靠带蹼的四肢划水前进，靠扁平的尾巴来调整方向。蛋是从排泄大便和小便的泄殖腔中产出的。几千万年前它们就生活在地球上，而且样子基本没什么改变。

大小：45～60厘米（雄性）
39～55厘米（雌性）

喵

呜啊——

体形跟猫差不多

分类：哺乳纲 · 鸭嘴兽科　**食物**：昆虫、虾、贝类、鱼　**栖息地**：澳大利亚

不可思议！

鸭嘴兽身上……

竟然长着毒针！！

在超过5000种的哺乳动物中，
鸭嘴兽是唯一一种长有毒针的！

毒针
毒
脚跟

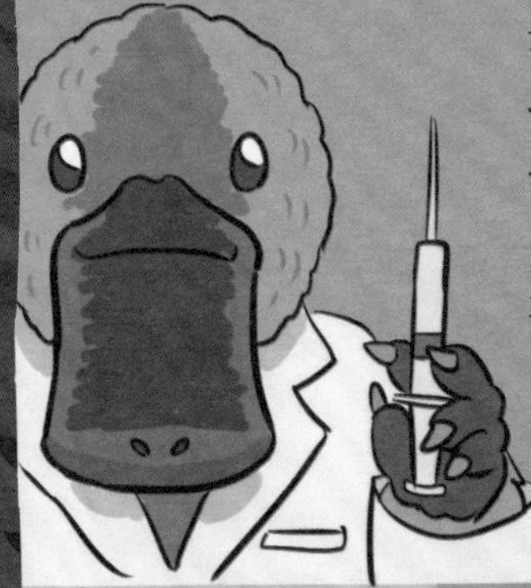

如果被它的毒针刺到，
人类会感觉到剧痛，
疼痛会持续几小时
至几天！
这种剧毒能轻松毒死一条小狗。

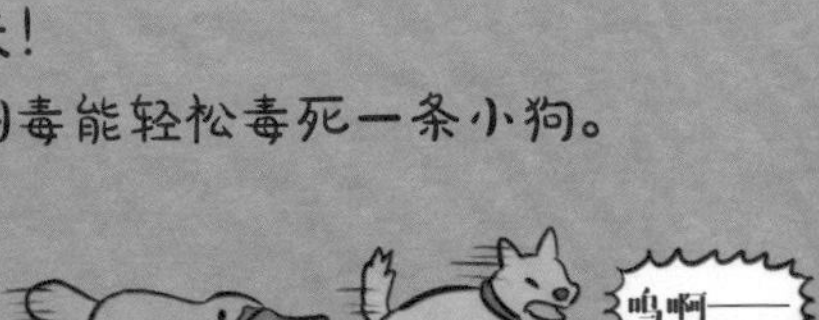

用回旋踢给对手
注入毒素……

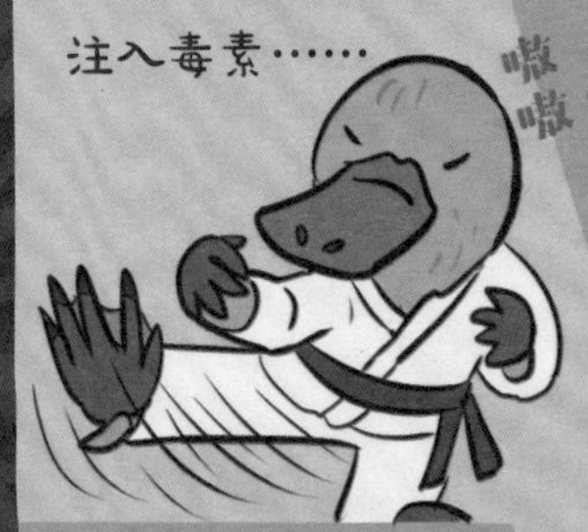

雄性鸭嘴兽在打架
时也会使用毒针。
（但只有雄性鸭嘴兽有
毒针。）

鸭嘴兽的毒跟蜘蛛和
蝮蛇的毒有点像。

鸭嘴兽的毒虽然很可怕，
但研究表示，这种毒素也许能成为治
疗疑难杂症的关键药物。

大灵猫

"芳香猫咪"

自印度、东南亚至非洲，栖息在各种地域的动物！

生活在森林或高山里。

因偷吃蔬菜和水果而被视为害兽的果子狸，也是灵猫科的哦。

属于夜行动物，大部分时间是在树上度过的。

嗨！

哦。

主食是杧果、木瓜和香蕉等水果。

屁股附近长着囊状芳香腺，能分泌芳香物质。这种物质可以制成香水，所以还有"麝香猫"的别名。

还是算了吧！

麝香香水

NECO

非洲灵猫

它的分泌物竟然还有这种用途……

动物的基本数据

栖息在南欧的小斑獛和栖息在非洲的非洲灵猫都属于灵猫科。灵猫走路时脚有一半会着地，这一点跟脚尖着地的猫不同。

大小：40～70厘米

跟普通的猫不太像……

分类：哺乳纲 · 灵猫科　**食物**：水果、蜥蜴等　**栖息地**：印度及东南亚地区

不可思议！

大灵猫的粪便里
能提取出高级咖啡？！

8000日元

据说世界上最贵的咖啡名叫“猫屎咖啡”……

在日本的咖啡店里喝上一杯，竟然需要8000日元（约合人民币510元）！
这种超高级的咖啡豆
其实是从大灵猫的粪便中提取出的！
原来，大灵猫能分泌出味道浓郁的芳香物质，
这是雄性与雌性用来互相吸引的动物外激素。
这种分泌物无法直接使用，
却可以……

哎～～

制作猫屎咖啡

（1）让大灵猫吃下咖啡豆。
（2）在咖啡豆还没被消化前就让大灵猫将其排出。

好吃吗？

大便

完成！

（3）从粪便中收集咖啡豆，然后清洗干净。

KOPI
猫屎咖啡
LUWAK
100g
10000日元！

咖啡豆在通过大灵猫体内的过程中会沾染分泌物的独特香味。

还有一种高价的咖啡豆是从大象的粪便中提取出的，
提取的方法跟上面一样，
好奇心比较强的人可以去尝试一下。

秃猴

栖息在水上森林里的“赤鬼”

动物的基本数据

秃猴跟猴子有一定的亲缘关系，它的头顶是不长毛的，因此得名“秃猴”。秃猴之所以喜欢雨季的水上森林，是因为里面有很多它们爱吃的巴西栗。

大小： 38～57厘米

分类： 哺乳纲 · 僧面猴科 **食物：** 树叶、水果、昆虫 **栖息地：** 亚马孙河流域的森林

不可思议！

秃猴其实……

跟人很像！

秃猴最大的特征就是长着一张日本传说中的“赤鬼”般的红脸！
这是因为秃猴脸上的脂肪层很薄，
血管的颜色都透了出来，
所以，脸看起来红通通的。

生气的秃猴

沮丧的秃猴

大笑的秃猴

秃猴的脸的颜色能反应它们的状态，生气时脸色会变得更红，
生病时脸色则会变白。
也就是说，从秃猴的脸色就能判断它们的情绪。

秃猴的情感是十分丰富的，
它们会愤怒也会欢喜，
虽然它们的外表看起来有些可怕，
但其实跟人类很像。

猴子的种类很多，样貌也千奇百怪，但总有某一方面跟人类很像。动物的世界真是神秘莫测啊！

懒猴

圆溜溜的可爱大眼睛

长着一双水汪汪大眼睛的可爱猴子

与指猴和狐猴的亲缘关系比较近。

动作非常慢，
可谓“猴如其名”。

得到 Lady Gaga 的喜爱，还被邀请与她一起拍新歌 MV，然而……

动物的基本数据

世界上共有五种懒猴，每一种都濒临灭绝。懒猴的眼神非常好，能看到很远的地方，锁定猎物后它们就慢慢靠近，在不被对方发现的情况下将猎物抓住。

大小：30厘米

可以像蝙蝠一样倒挂在树上。（它们都属于夜行性动物。）

分类：哺乳纲 · 懒猴科　**食物**：树液、花蜜、昆虫等　**栖息地**：东南亚

不可思议！

懒猴的……

唾液是有毒的！

懒猴其实是世界上唯一一种有毒的灵长类动物！

它们会舔舐从手肘部的腺体分泌出的有毒液体，让唾液也带上毒素！

它们还会将毒液涂在身上作为保护。

据说后来Lady Gaga被懒猴咬了一口，所以取消了MV的录制……

巴西三带犰(qiú)狳(yú)

团成一团滚滚滚

栖息在南美洲热带雨林和草原上的有壳动物！

视力很差，一般靠嗅觉来寻找猎物。

壳的下面会储存空气，以此维持体温。

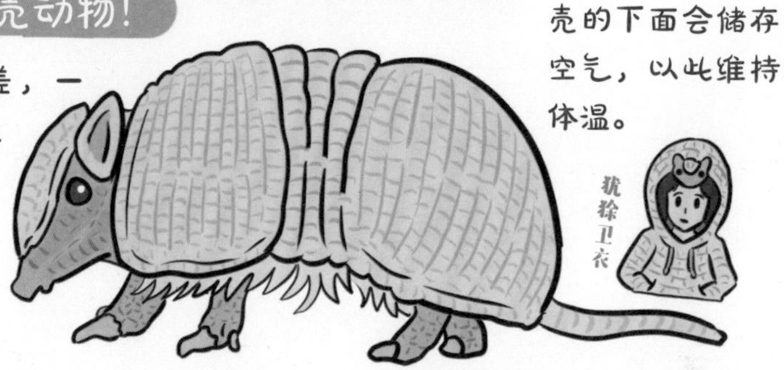

察觉到危险时，会将整个身体团成一团！

用硬硬的鳞片状皮肤来保护柔软的肚子。

犰狳中能团成球状的只有巴西三带犰狳和拉河三带犰狳两种。

犰狳像乌龟一样用硬壳防御外敌，看上去动作很慢，其实……

动物的基本数据

大小：30～37厘米

世界上共有二十多种犰狳，其中大部分擅长挖洞，它们平时会藏身在地下的洞穴里。但巴西三带犰狳能用外壳防御，没必要特意到洞穴里藏身，所以它们很少挖洞。

分类：哺乳纲 · 犰狳科　食物：昆虫、蚯蚓、蜥蜴等　栖息地：巴西

不可思议！

巴西三带犰狳……

其实跑起来速度很快！

巴西三带犰狳的外形给人一种慢吞吞的感觉……
其实，它跑起来速度很快！

从远处看简直就像将腿部的动作快进了一样。

冲刺

它会将前肢的四根趾甲插入地面，
然后靠这个力量快速冲刺！

它的硬壳连美洲豹这种猛兽的牙齿都无法刺穿，
而且还能高速奔跑……
巴西三带犰狳小小的身体里，
蕴含着一种让人不容小觑的强悍！

龟、兔和犰狳

星鼻鼹

星光似的鼻子

鼻子像星星光芒一样的鼹鼠！

鼻子周围长着22只触手，每只触手都是非常灵敏的感应器，感应灵敏度是人手的六倍。

像其他鼹鼠一样在土里挖洞。

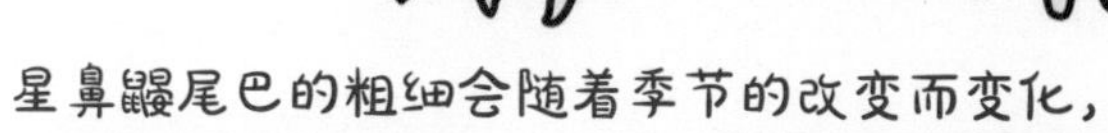

星鼻鼹尾巴的粗细会随着季节的改变而变化，冬天的尾巴更加粗大，是夏天的两倍，里面是为了抵御严寒而储存的脂肪。

它的眼神不太好，但能通过鼻子触碰周围土地来寻找猎物，每秒触碰的地方可达十二处。

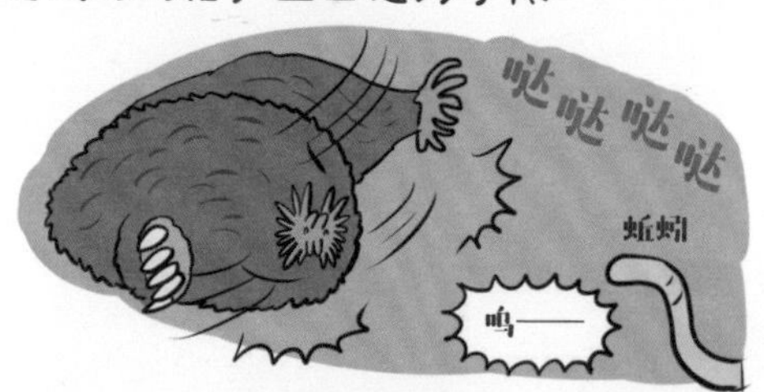

动物的基本数据

星鼻鼹比日本鼹鼠体形更小，居住的地道也更浅。星鼻鼹鼻子上的触手不仅有触觉，还能感受到微弱的电流，即使猎物藏起来它也能找到。

大小： 9~12厘米

分类： 哺乳类 · 鼹科　**食物：** 蚯蚓、水蛭、水生昆虫　**栖息地：** 北美洲东北部

不可思议！

星鼻鼹竟然……

是游泳健将！

星鼻鼹的狩猎场不只在地下！
它还是一名游泳健将，
在水中也能来去自如！

鼹科共有三十多个品种，星鼻鼹是唯一一种在湿地和沼泽生活的鼹鼠。

沼泽中的鼹鼠

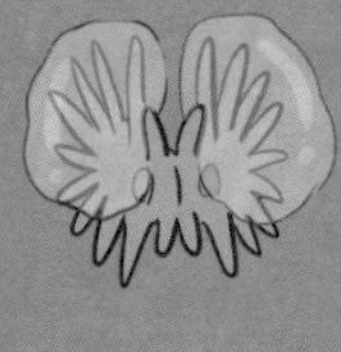

它会像人类冒出鼻涕泡一样，在水中吐出空气，然后再吸回来。
有些学者认为它会借此探寻猎物的“味道”。

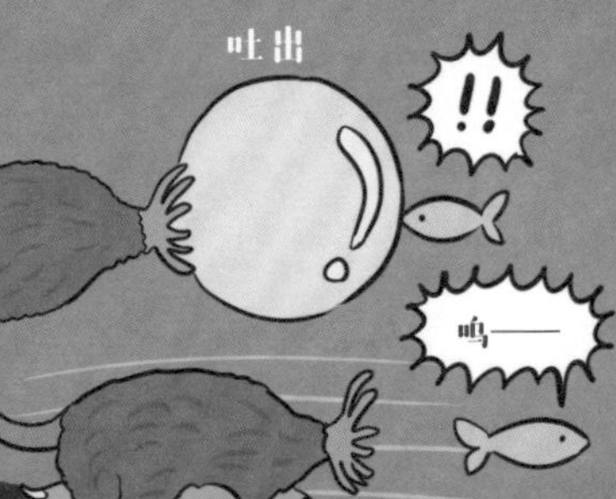

对于鱼类来说，这也许更像恐怖电影中的场景吧……

豪猪

过来吧，长满刺的森林！

身上长着坚硬的刺，跟老鼠和松鼠是近亲！

感到危险时会竖起身上的刺来威慑对方。

豪猪身上的刺由体毛演变而来。最长可达30厘米。

而且脱落后还会长出新刺。

刺上的黑白条纹向四周发出“我很危险”的信号。

啪——

非洲冕豪猪

连肉食性的猛兽们也害怕它！

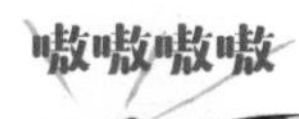

铁道路口

当 当 当

给我退下！

刚出生时，刺是软的，但过几天就会变硬。

动物的基本数据

豪猪的刺是中空的，威慑敌人时能发出沙沙的响声。美洲栖息着一种叫美洲豪猪的动物，它们生活在树上，跟非洲的豪猪隶属于完全不同的科。

大小： 60～100厘米（非洲冕豪猪）

陷入沙子里的豪猪

让我出去！

分类： 哺乳纲 · 豪猪科　**食物：** 植物的根、种子、果实、死去动物的骨头　**栖息地：** 非洲

不可思议！

豪猪其实……

根本不存在“豪猪困境”！

大家听说过“豪猪困境”这个词吗？
它是指豪猪们因为寒冷而互相靠近，

但如果靠得太近又会被对方的刺给刺伤！
常用来比喻一种想靠近却又无法靠近的矛盾心理。

也就是心里明明想着“跟对方靠近一些”，行动上却迟疑不前。

但现实中的豪猪根本就不存在这样的困境！
因为它们能把刺收起来，
这样靠得再近也不会刺伤对方。

明明是同类为什么会出现这种情况呢？
也许正因为是同类，
才会被距离感弄得不知所措吧！
这或许是人类特有的烦恼。

长鼻猴

在日本被称为“天狗猴”

栖息在东南亚加里曼丹岛热带雨林里的猴子！

生活在河流附近。（好像是应对猛兽的一种策略。）

嗷嗷嗷嗷嗷

食用的植物达188种之多。

长鼻猴的胃能够消化含有大量纤维的植物，如果它们误食了含糖量高的水果，糖分就会在胃里过度发酵，严重的甚至可能导致它们死亡！

雄性长鼻猴和日本古代传说中的“天狗”长得很像。

它们都长着大大的鼻子，而且鼻子越大，越受异性欢迎。

长鼻猴长着一个突出的大肚子，它的主食是其他猴子不吃的树叶和青涩果实，所以能有效避免争夺食物引发的战斗。

性格温暾，看起来是和平主义者的长鼻猴，却会……

动物的基本数据

长鼻猴之所以长着一个大肚子，是因为它的肠子很长。它能凭借特殊的肠道消化各种植物，包括一些其他动物难以消化的树叶。因此它们从来不为食物短缺发愁。

大小： 70厘米（雄性）、60厘米（雌性）

一天中有八成时间在休息。

让长鼻猴变懒惰的靠垫

分类： 哺乳纲 · 猴科　**食物：** 树叶、果实　**栖息地：** 加里曼丹岛

不可思议!

长鼻猴竟然……

能游过有鳄鱼的河!

长鼻猴其实很擅长游泳，
是猴子里屈指可数的游泳健将。

哦哦哦哦哦哦

从高二十米的树上跳到河里!

趾间长着蹼。

靠游泳扩大移动范围，
就能获得更多的食物。

唔哦哦哦~

在水中有被鳄鱼或蛇袭击的风险，
然而长鼻猴们还是选择了游泳这个移动手段。

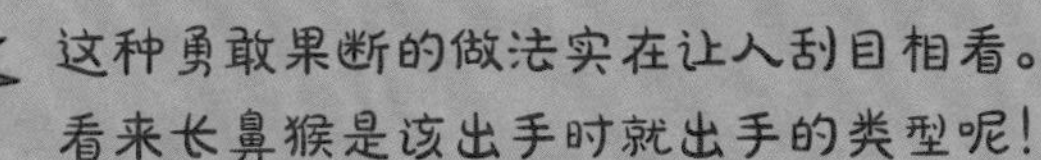

这种勇敢果断的做法实在让人刮目相看。
看来长鼻猴是该出手时就出手的类型呢!

比起天狗其实更像“河童”吧?

一角鲸

长长的“角”

头上长着“长角”的鲸鱼！

生活在北极的近海及浮冰处，常常集群活动，从两头至十头不等。

只有雄性才长着“角”。

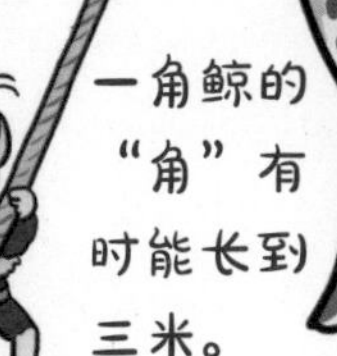

一角鲸的“角”有时能长到三米。

有人认为一角鲸是古代传说中的“独角兽”的原型。

据说一角鲸的“角”有各种功能，所以曾经被当成交易品。

有的一角鲸长有两只“角”……

那不就是两角鲸？

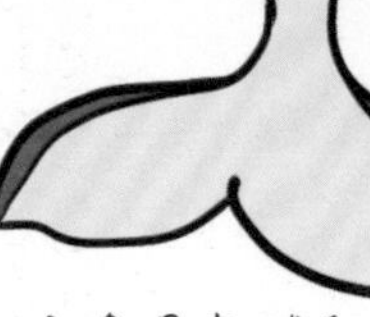

主食是乌贼和鳕鱼等鱼类。

动物的基本数据

一角鲸跟白鲸有很近的亲缘关系，它也能像白鲸一样用超声波确定猎物的位置。有时一角鲸会潜到1500米的深海，去寻找猎物。

大小： 4～6米

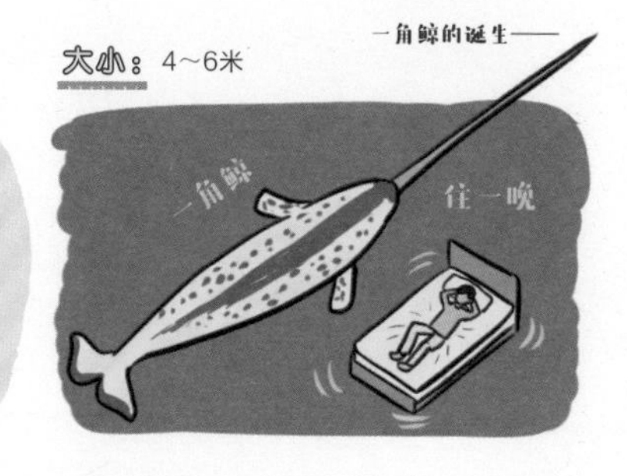

分类： 哺乳纲 · 一角鲸科　**食物：** 鱼、乌贼　**栖息地：** 北冰洋

不为人知

不可思议！

一角鲸的“角”……

其实并不是角！

一角鲸头上长长的器官虽然看起来像角……

但其实是牙齿！

它跟象牙差不多，都是从嘴里长出去的。

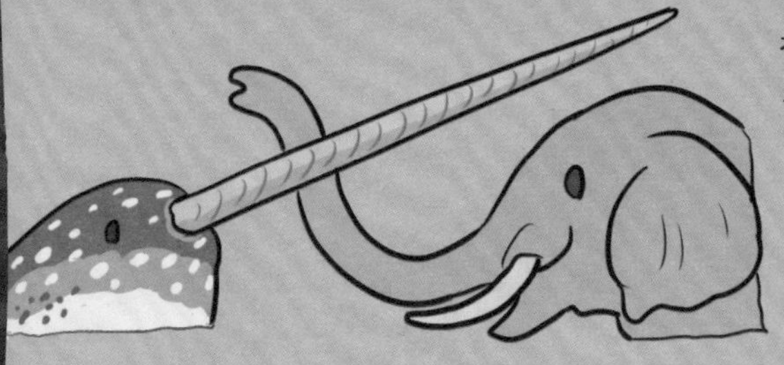

不过，关于这个“牙”的确切作用目前还没有完全弄清……

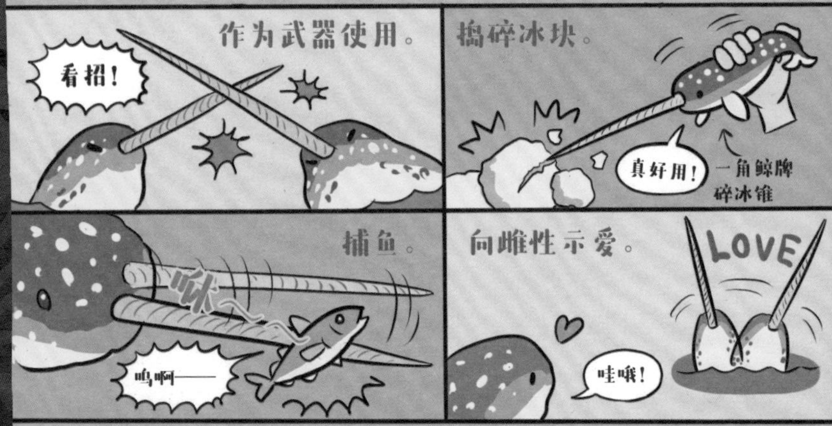

最近比较推崇的是“感觉器官学说”。科学家认为一角鲸的牙上有很多神经，因此非常敏感，能感知周围环境。

真是一个充满谜团的“角”！

啊，不，应该说是“牙”才对！

北美负鼠

“装死达人”

栖息在美洲大陆上的有袋类动物！

跟树袋熊和袋鼠一样都是有袋类动物。

负鼠也很擅长爬树。

负鼠以擅长装死而闻名天下！它装死时演技非常逼真，不但会翻白眼、吐舌头，甚至还会流出带臭味的唾液来模仿尸臭。

负鼠装死是为了在对方感到惊讶的瞬间伺机逃跑。

大小： 33~55厘米

动物的基本数据

世界上共有87种负鼠，其中最有名的就是生活在北美洲的北美负鼠。它属于什么都吃的杂食性动物，所以有时会到城市里乱翻垃圾。

分类： 哺乳纲 · 负鼠科　**食物：** 小动物、果实等　**栖息地：** 北美洲至中美洲

不可思议!

负鼠……

育子时非常辛苦!

负鼠在日本有个“子守鼠”的别名!
“子守”就是“守护孩子”的意思。

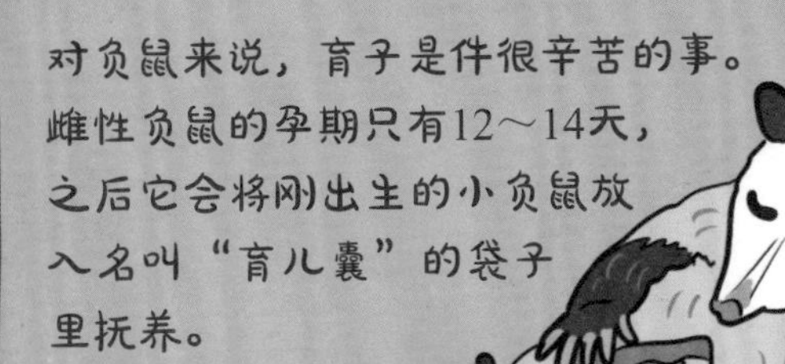

对负鼠来说，育子是件很辛苦的事。雌性负鼠的孕期只有12～14天，之后它会将刚出生的小负鼠放入名叫“育儿囊”的袋子里抚养。

刚出生的小负鼠跟蜜蜂一样大。

有些小负鼠无法长大，早早就夭折了。

负鼠妈妈有时会一次生下20多只小负鼠。

背着孩子行走的负鼠妈妈

但是，负鼠妈妈的乳头是有限的，所以只有一半的小负鼠能存活下来……
也许，正是因为负鼠从小就跟“死亡”打交道，所以才能如此逼真地装死吧!

裸鼹鼠

穿梭于地下的裸体族

生活在阴暗地下的无毛鼠类！

与蚂蚁和蜜蜂一样，
过着以“女王”为中心的群居生活！
这在哺乳动物中是非常罕见的。

动物的基本数据

裸鼹鼠因为几项特殊能力而备受关注。第一个能力是可以在含氧量很低的环境里生存；第二个能力是即使上了年纪身体机能也不会立即减退。

大小： 8～9厘米

分类： 哺乳纲 · 滨鼠科　**食物：** 植物的根等　**栖息地：** 非洲东部

不可思议！

裸鼹鼠的社会里……

竟然有专门充当被褥的！

过着集体生活的裸鼹鼠有着严格的阶层关系，
而且分工也特别明确……除了“女王”“劳动者”等，
竟然还有专门充当被褥的！
在女王生出小宝宝后，
充当被褥的裸鼹鼠
要趴在地上，让小宝
宝们睡在自己身上。

充当被褥可以晚起——

身上没有毛，所以
不擅长调节体温。

地下洞穴里是非常阴冷的，
体形娇小的裸鼹鼠宝宝很容
易被冻死。
为了给它们保暖，所以才有
了“被褥”这个职位。
“被褥”不但要为宝宝保
暖，也要为女王保暖。

小宝宝倒还好说，
连女王也一起压上来，
应该会被压得喘不
过气来吧……

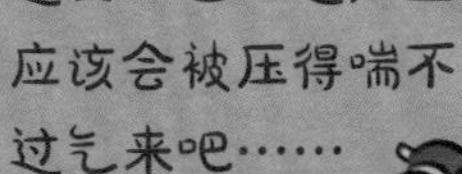

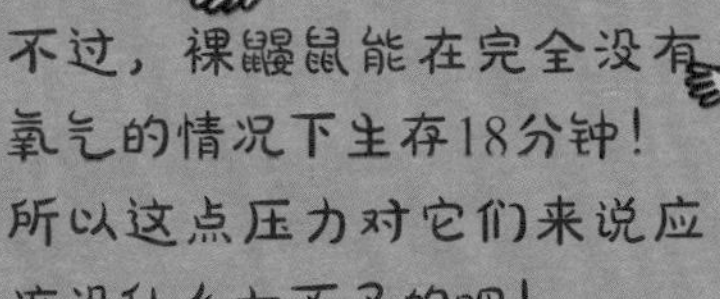

不过，裸鼹鼠能在完全没有
氧气的情况下生存18分钟！
所以这点压力对它们来说应
该没什么大不了的吧！

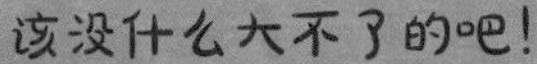

海牛

安静的水中巨兽

喜欢在水中慢慢漂荡的巨型动物！

海牛的口鼻周围长着很多毛，它靠这些毛来区分哪些是食物。

主食是水中的植物，每天要吃掉占自己体重近一成的食物（数十千克）……

可以靠尾鳍的形状来区分它们哦！

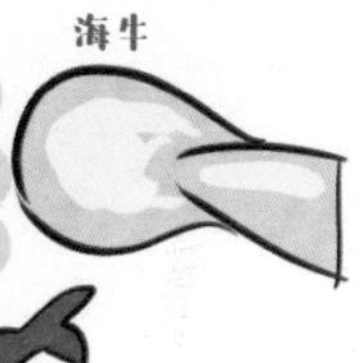

很像海豚的尾鳍，能快速游泳。

海牛

形状像团扇一样虽然不能快速游泳却能灵活控制方向。

津津有味

生活在水里的哺乳动物，很少有像海牛一样以草为主食的。

有人认为海牛是美人鱼的原型，然而……

动物的基本数据

海牛跟大象有很近的亲缘关系，学者们认为它是数千万年前就生活在地球上的动物。以前还有体长8米的大型海牛——斯拉特大海牛，但现在已经灭绝了。

分类：哺乳纲·海牛科　**食物**：水草　**栖息地**：加勒比海沿岸和附近的河口

不可思议！

海牛竟然……

跟大象是近亲！

海牛以优雅的游泳姿势著称，所以被认为是美人鱼的原型……
外形虽然跟海豹和海豚很像，
但它实际上却跟大象是近亲！

据考证，海牛是很久以前从大象的近亲——蹄兔那里分支进化而来的。

是我！

它的脚跟大象的脚很像，这应该是进化时遗留下的痕迹吧。

慢慢 悠悠

海牛能用鳍上的指甲在海底走路。

为了维持巨大的体形，
海牛每天要吃大量的水草。
水草中的酸和一起被吞入口中的沙子，
会弄坏海牛的牙齿，
但海牛会一直长出新牙，
所以不用担心牙齿掉光。
拥有这种特征的哺乳动物是非常少见的，
大概只有大象、袋鼠和海牛这几种。

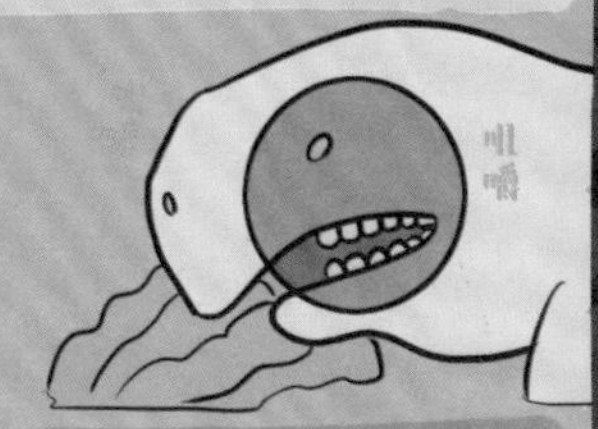

坏掉的牙齿会自然脱落，然后由新长出的牙齿代替。

海牛可以像美人鱼一样在水中翩翩起舞，又和大象一样是大胃王……
兼备优雅与威严，
真不愧是充满神秘色彩的海中动物。

翻车鱼

在海中缓缓漂荡的大型鱼

※硬骨鱼：鲨鱼跟鳐鱼以外的鱼类。

世界上最大、最重的硬骨鱼※！

翻车鱼奇特的体形竟然隐藏着不可告人的秘密……

动物的基本数据

翻车鱼的皮肤上很容易长寄生虫，它们为了将寄生虫甩掉，经常跳到海面上。翻车鱼在海面上进行日光浴时，也会让海鸟到它们身上捕食寄生虫。

大小：2.8米

到海面上晒日光浴

分类：硬骨鱼纲 · 翻车鲀科 **食物**：水母、虾、螃蟹等 **栖息地**：全世界的温暖海洋

不可思议！

翻车鱼的……

骨骼形状非常特殊！

虽然从外表看不出来……但翻车鱼的骨骼形状在鱼类里算是相当特殊的！

形状像弓箭一样。

翻车鱼丘比特
嘎吱
吃我一箭
嘎吱
翻车弓

与其他鱼类不同，翻车鱼没有尾鳍。

身体两侧的"鳍"像鸟的翅膀一样。

看起来像尾鳍的部分，其实是舵鳍，主要用来调整方向。

上下各长出一颗牙，看起来很像鸟喙。

呜哇

摆动
摆动

空荡荡的腹部骨骼！

翻车鱼之所以长着这么奇特的骨骼，是因为它跟河豚有一定的亲缘关系。

舵鳍由背鳍和臀鳍的后部鳍条后延形成。

为了不被天敌吞下肚，河豚练就了膨胀的本领，对它来说骨骼是碍事的东西。

而翻车鱼的生存方式是让自己的身体扩大至极限，所以它的腹部也没有骨骼，这种独特的体形正是翻车鱼适应海洋生活的证明！不过目前关于它的生态习性还存在很多未解之谜。

巴西达摩鲨

饼干怪兽？

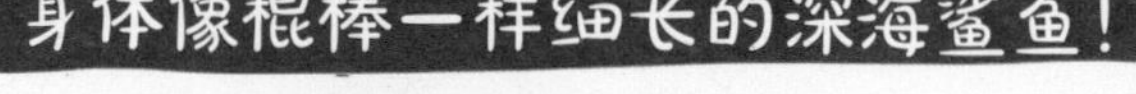

骨骼非常坚硬！
咬合力也很强！

跟日本的达摩一点都不像。

为了能捕捉到深海鱼的微弱光线，长着一双大眼睛。

上
下

上颌的牙齿呈比较短的刺状，下颌的牙齿则呈薄三角状，整体形状像锯齿牛排刀。

有些学说认为，达摩鲨为了补充钙质会吃掉自己脱落的牙齿。

它的英文名叫“Cookie-cutter shark”！翻译过来就是“饼干模具鲨鱼”。听起来还挺可爱的。

鲨鱼饼干

但它们却有一种非常可怕的习性……

动物的基本数据

以前人们以为巴西达摩鲨是生活在1000米左右的深海鲨鱼，但后来经过调查，发现它只是在水深1～3000米间徘徊寻找食物罢了。它的腹部有发光器官，能让身体发光。

大小： 56厘米

分类： 鱼纲 · 黑棘鲛科　**食物：** 大型鱼类、海豚和鲸鱼的肉　**栖息地：** 全世界的海洋

不可思议！

巴西达摩鲨竟然……

会将猎物的肉一点点撕下！

巴西达摩鲨的进食方式非常特殊，
它会追在比自己体形大的金枪鱼
等鱼类或海豹等动物的后面，
然后将猎物的肉一点一点撕下来吃。

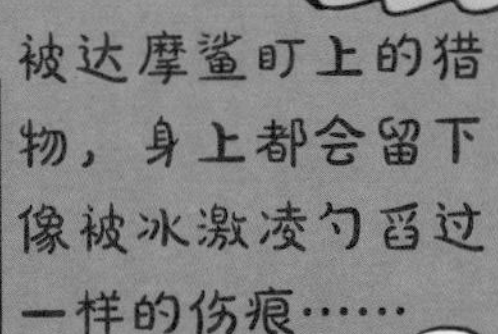

被达摩鲨盯上的猎物，身上都会留下像被冰激凌勺舀过一样的伤痕……

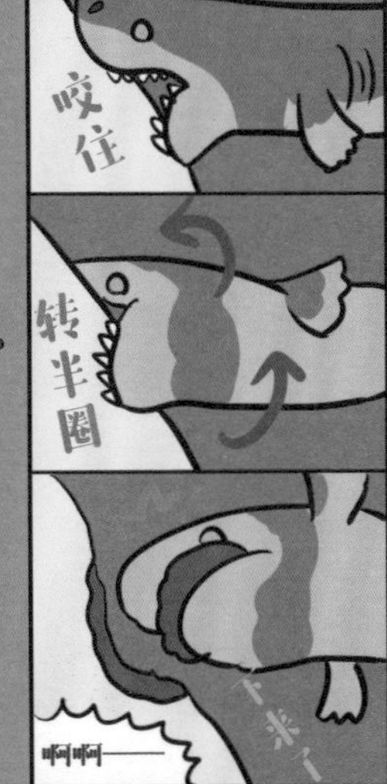

在猎物还没发现时，
达摩鲨就张大嘴巴，
一口咬上猎物的身体。
然后稍微转一下，
将嘴里的肉撕下来！
只要转上半圈，
肉自然就下来了。

这就是达摩鲨被称为“饼干怪兽”的真正原因。

达摩鲨有时还会啃咬潜水艇和
海底电缆等比较硬的东西。
看来除了可怕，它们也有蠢萌的
一面啊。

管眼鱼

深海中发光的绿色眼睛

管眼鱼是一种外形奇特的深海鱼！它长着一对大大的绿色眼睛，还有像保护罩一样的透明脑袋。人们发现，这种构造的作用是为了在捕捉水母这类有触须的猎物时，不被触须碰到眼睛。

管眼鱼嘴上的黑色圆点并不是眼睛，而是鼻孔。

它的眼睛是朝上的，所以连游在自己上方的猎物也能捕捉到。

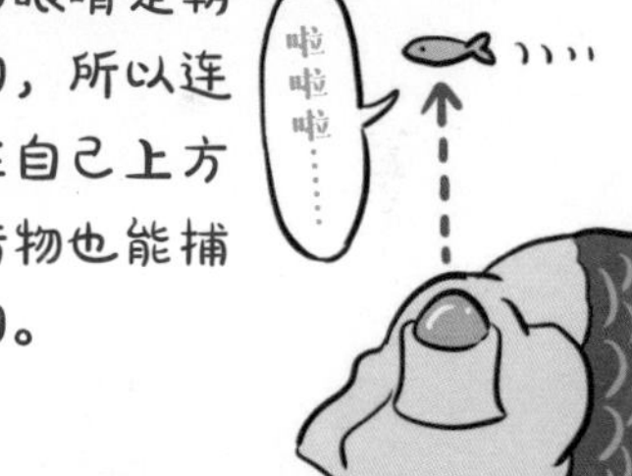

动物的基本数据

管眼鱼是生活在水深400～800米的深海鱼。一被打捞出水面它就会死亡，它身上还有很多未解之谜。它隶属的后肛鱼科有很多奇怪的鱼类，比如肚子会发光的望远冬肛鱼、长着四只眼睛的南非透吻后肛鱼等。

大小：15厘米

管眼鱼日文名中的某个发音很像“kiss”的发音。

分类：鱼纲 · 后肛鱼科　**食物**：水母、虾等　**栖息地**：太平洋等

不可思议！

管眼鱼的眼睛……

也能转到前方！

有人可能会想，
管眼鱼的眼睛一直朝上，
不会觉得不方便吗？

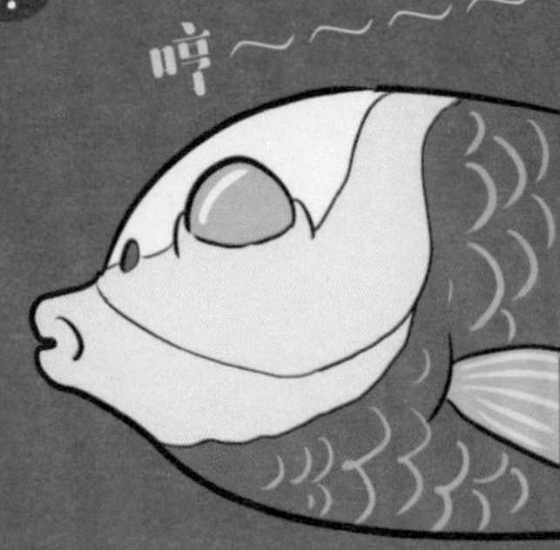

你只能看到上面的东西吧？

嘿嘿嘿

其实，它的眼球是可以
转到前方的！！

200米　人类能感知太阳光的极限

管眼鱼栖息在
400～800米的深海

1000米

无光

管眼鱼的眼球能捕捉
进入深海的微弱光线，
所以即使在一片黑暗的
环境里它也能找到猎物。

它之所以能在深海的恶劣环境中生
存下来，全靠这对超高性能的
“管眼”。

海马

在海中漂荡的“马”

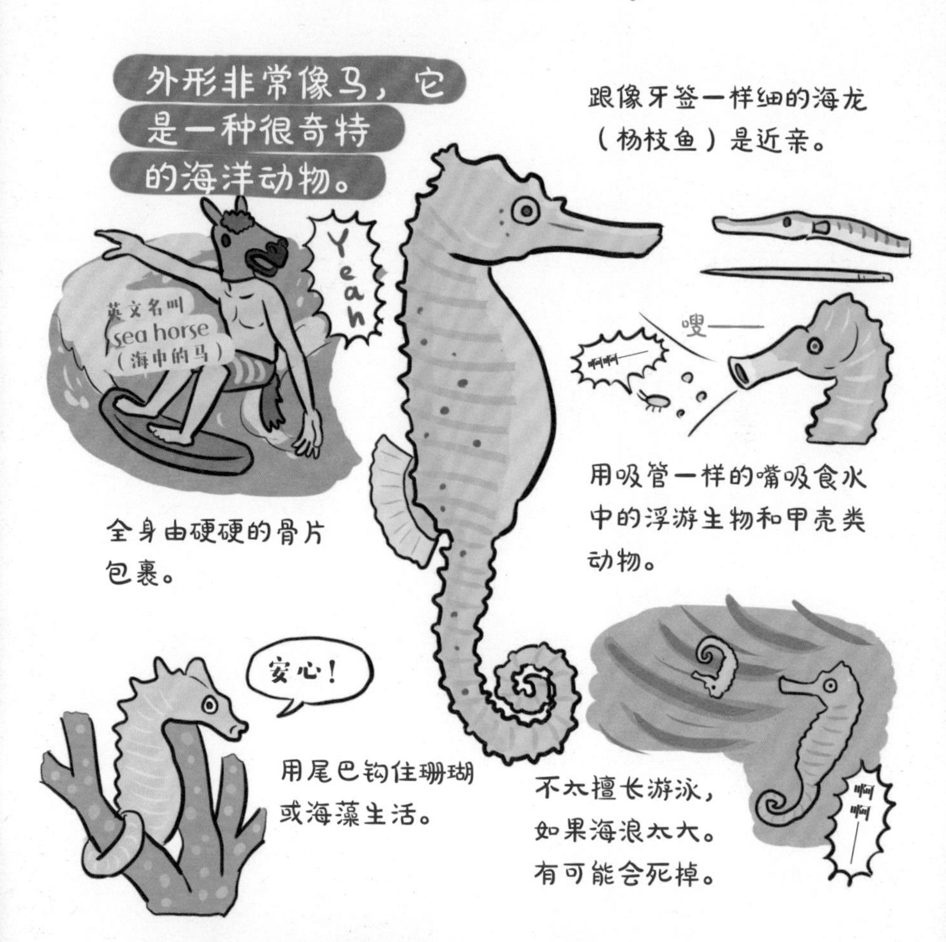

动物的基本数据

海马的外形好像跟鱼一点关系也没有，但却是名副其实的鱼类。它的眼睛后方长着鳃盖，身上也有胸鳍。大部分海马都会藏身于珊瑚礁或海藻中，而且会用尾巴钩住珊瑚和海藻来固定自己。

大小： 1.5～35厘米

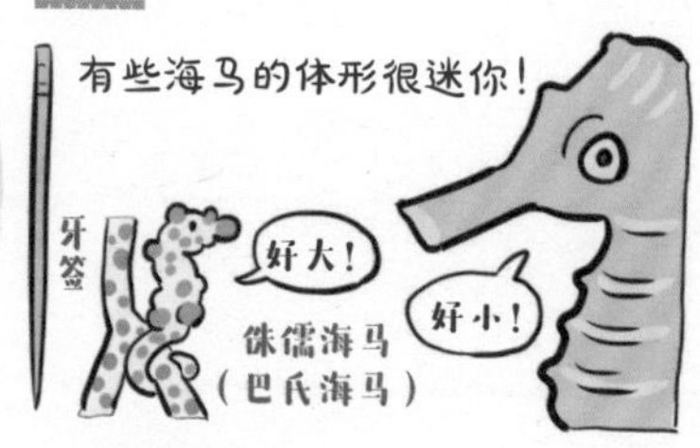

分类： 硬骨鱼纲 · 海龙科 **食物：** 浮游生物 **栖息地：** 全世界的温暖海洋

不为人知

不可思议！

海马其实……

是由雄性生产的！

海马竟然是由雄性来“怀孕”生产的。
这在动物中是非常罕见的！

雄海马的身上长着腹囊（育儿袋），
到了繁殖期，雌性会将卵产到雄性的腹囊里，
然后就由雄性来照料这些卵。

两三周后，卵便会孵出来！
雄海马将孩子分批放到水中的样子，看起来既神秘又可爱。

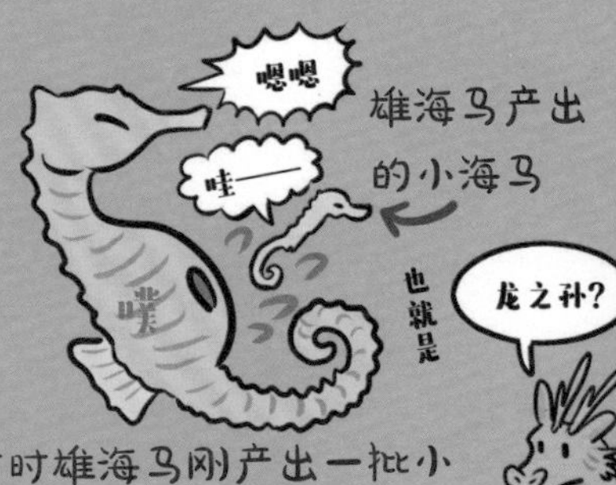

有时雄海马刚产出一批小海马，雌海马就马上在它的腹囊里产新的卵……

疏棘鮟鱇

昏暗海底的一点微光

栖息在深海中的鮟鱇鱼！

鮟鱇头上的钓竿顶端长着一种名为“皮瓣”的器官。

皮瓣中有发光菌，能发出微弱的光芒。

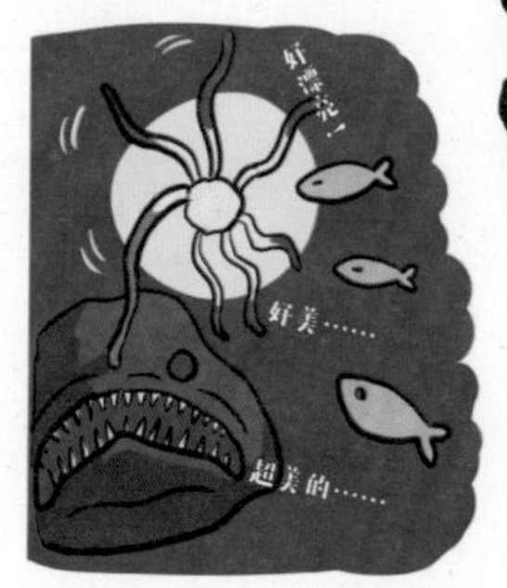

鮟鱇鱼的嘴是向上张开的。

身体表面长着很多小棘，凹凸不平。

微弱的光芒配合着身体的晃动，能吸引猎物们上钩。

人们有时会吃鮟鱇鱼，比如做成鮟鱇火锅，不过食用的一般是生活在浅海的黄鮟鱇等。

动物的基本数据

疏棘鮟鱇是生活在水深600～1200米的深海鱼。它偶尔也会浮到浅海上，不过这种概率非常低。虽然在日本海也有发现，但主要还是栖息在大西洋。关于鮟鱇，目前还有很多未解之谜。

大小： 38厘米（雌性）、4厘米（雄性）

分类： 鱼纲 · 角鮟鱇科　**食物：** 鱼、甲壳类　**栖息地：** 大西洋、太平洋

不可思议！疏棘鮟鱇的雄鱼……

会变成雌鱼身体的一部分！

雄性鮟鱇的体形要比雌性小很多！

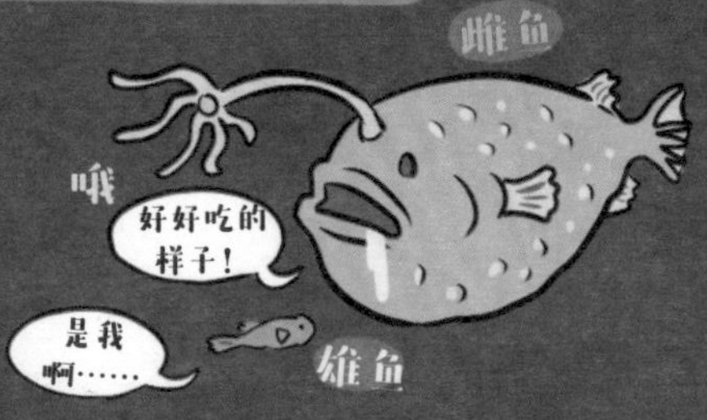

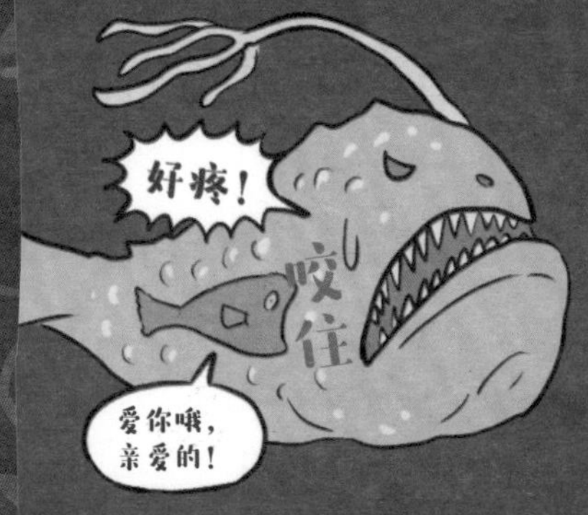

鮟鱇繁殖后代时，雄鱼会咬住雌鱼的身体，然后寄生在雌鱼身上。

繁殖成功后，雄鱼会重新恢复单身，在广阔的深海里独自生活下去……
鮟鱇的这种寄生方式被称为“暂时附着型”
不过！深海里还有一种鮟鱇会采取更惊人的寄生方式……

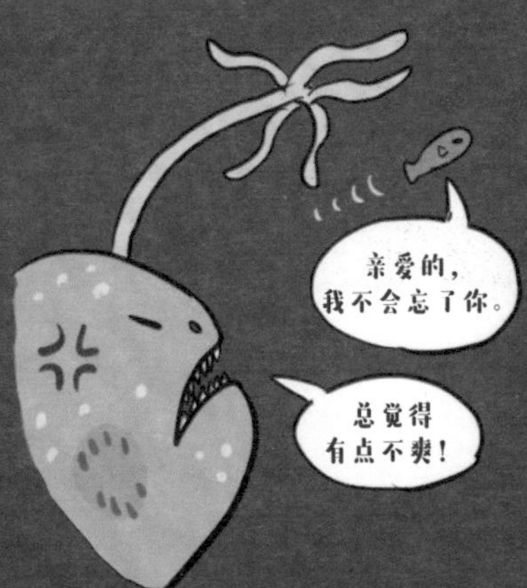

※最近有学者提出，这种繁殖方式不是“寄生”而是“共生”。
对于疏棘鮟鱇来说，雄鱼能够靠这种方式留下自己的后代，雌鱼则省去了到处寻找配偶的麻烦，可以说对双方都有益处。

密刺角鮟鱇的雄鱼也会寄生到雌鱼身上，这一点同疏棘鮟鱇一样。
不过即使过了繁殖期，密刺角鮟鱇的雄鱼也不会离开雌鱼！

不仅如此，雄鱼的皮肤和血管还会慢慢跟雌鱼融为一体。
之后，雄鱼就靠吸取雌鱼的营养来生存。雄鱼的眼睛、内脏等也会慢慢丧失机能，最后甚至变成像疣一般的存在……
密刺角鮟鱇的雄鱼非常弱小，
弱小到如果不跟雌鱼相遇就无法生存！
这种寄生方式被称为“真性寄生型”……雄鱼必须在变成疣和死亡之间做出选择。

有时一条雌鱼身上会寄生好几条雄鱼。

是变成疣，还是死亡呢？

还有一种寄生方式叫“任意寄生型”。
乔氏茎角鮟鱇的雄鱼能自己存活下来，但只要寄生到雌鱼身上。两者就再也不能分开了。雄鱼可以选择单身一辈子，或是变成雌鱼身上的疣……

鮟鱇们的这种生活方式虽然比较奇特，
但在缺少食物的深海也不失为一种策略。

还有很多哦

深海鮟鱇

深海中有很多拥有惊人特征的鮟鱇。下面就一起来看看它们的奇特之处！

张开长长的须状鳍，在海中漂荡。

梦角鮟鱇

雌鱼的身体是圆形的。

眼睛很小，嘴很大而且长着尖利的牙齿。

灯笼树须鱼

头上长着长长的钓竿，末端像鱼钩一样。

头上的钓竿能收起来。

独树须鱼

头上长着像角一样的刺，脸中央有一个球形的诱饵。

身体几乎是透明的。

恶魔鮟鱇

全世界只发现了两只，它是一种非常罕见的鮟鱇，与其他鮟鱇不同，它的身体是细长的。

嘴可以张得很大。

吞下猎物后嘴就像捕蝇草一样迅速合上！动作确实是很“吓人”。

裂唇鱼

海洋里的"鱼医生"

帮海洋动物们清洁身体的小鱼！

以寄生虫和死皮等为食，
经常帮其他动物清洁身体。

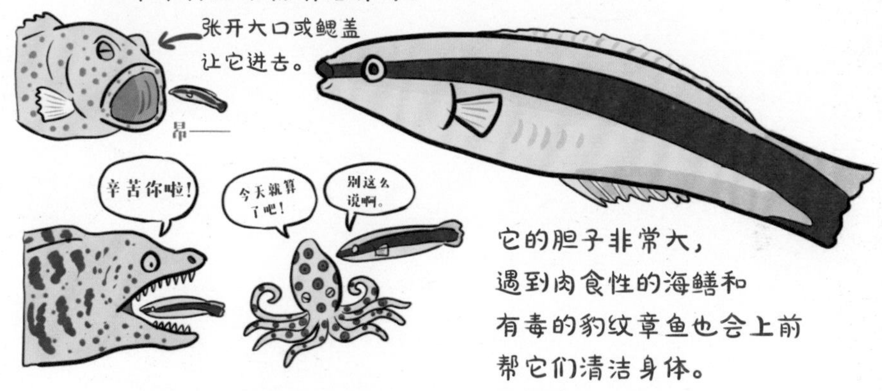

它的胆子非常大，
遇到肉食性的海鳝和
有毒的豹纹章鱼也会上前
帮它们清洁身体。

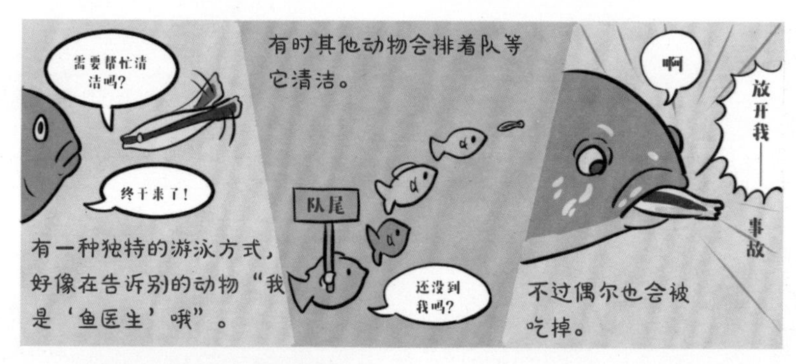

动物的基本数据

裂唇鱼主要生活在有珊瑚礁的海里，在40米以下的浅水区常能看到它。在日本南部海域，它算是比较常见的鱼类。在水族馆里也能看到它们做清洁的样子，如果有机会请仔细观察一下哦。

大小： 10厘米

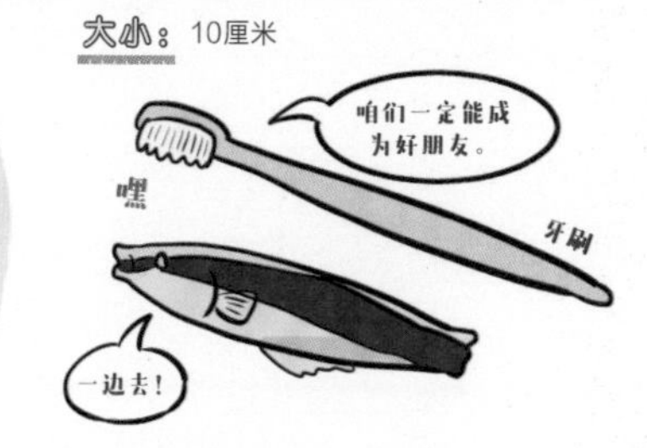

分类： 鱼纲 · 隆头鱼科　**食物：** 鱼身上的寄生虫等　**栖息地：** 太平洋、印度洋

不可思议！

竟然还有……

好舒服～～

模仿裂唇鱼到处行骗的鱼类！

好吃～～～给其他鱼做清洁的裂唇鱼当然也不是“白忙活”，它的工作还是有一定回报的。比如能轻而易举地获得食物，即便待在凶猛的鱼附近也不会受到攻击等。

为了能得到这些好处，有一种叫纵带盾齿鳚的鱼类**竟然不惜模仿裂唇鱼！**它利用自己与裂唇鱼相似的外形，假扮成裂唇鱼来欺骗其他鱼类！

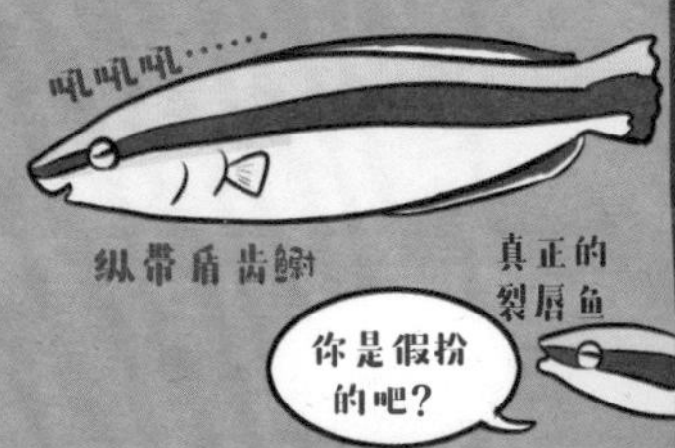

当其他鱼类为了让裂唇鱼清洁而靠近时……

这次也拜托你了！
连裂唇鱼的游泳方式也会模仿……
摇动摇动
好！

纵带盾齿鳚会迅速咬下它们的鳃或皮肤！

好疼——
哈哈哈！
咬

它们的样子实在太相像了，连专业的饲养员都会弄混。

辨别方法

→裂唇鱼
嘴是朝前的
→纵带盾齿鳚
嘴是朝下的

好笑

不过纵带盾齿鳚的这种“欺骗”行为，目前只在水族箱中发现过，即使检查它的胃部内容物，好像也没发现其他鱼的残骸。纵带盾齿鳚究竟是“骗术高手”，还是被人们误会了呢？这一点可能只有鱼知道吧……

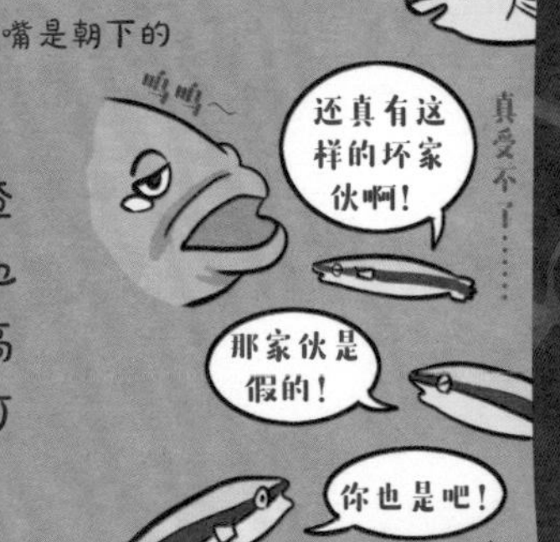

勃氏新热鳚（wèi）

讽刺的笑容？

栖息在太平洋的鱼类！

平时一般躲藏在贝壳或岩石缝隙里。
英文名叫“sarcastic fringehead”，“fringehead”是刘海儿的意思，这个名字来源于它头上那些像天线一样的凸起。

喜欢从岩缝里偷偷伸出脑袋的穗瓣新热鳚，与它是近亲。

据说这些凸起能感知周围环境。

而英文名中的“sarcastic”是“讽刺”的意思。
也许是因为它经常露出假笑一般的独特表情！

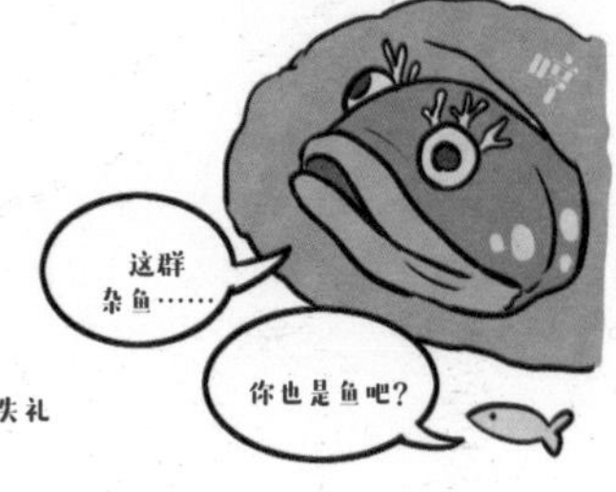

它会毫不留情地袭击进入自己地盘的动物！

杂鱼！

我是章鱼啊！

真失礼

滚开——

外表看起来就很吓人的勃氏新热鳚竟然隐藏着更可怕的秘密……

动物的基本数据

勃氏新热鳚在日本被称为“异形鱼”。它长着大大的脑袋和大大的眼睛，身体却是细长状的。它脑袋上那些像天线一样的凸起，据说是用来感知其他鱼类的。

大小：25厘米

分类：硬骨鱼纲 · 旗鳚科 **食物**：小鱼、虾等 **栖息地**：美国西海岸

不可思议！

勃氏新热鳚会……

像异形一样张开嘴巴战斗！

勃氏新热鳚的秘密在它的嘴——捕食时它能将嘴巴张得很大！

看起来简直像异形一样！

勃氏新热鳚的领地意识非常强，如果发现有其他生物闯入它的地盘，它就会将嘴巴完全张开猛烈地撞上去！

勃氏新热鳚之间的战斗，简直像两个异形在激烈地“吵架”一样……

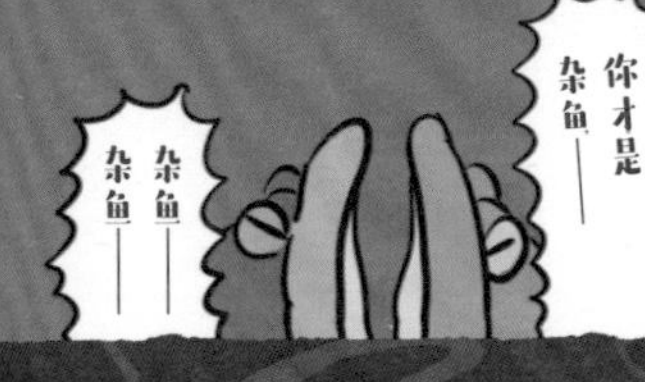

鞭笞巨嘴鸟

亚马孙的空中瑰宝

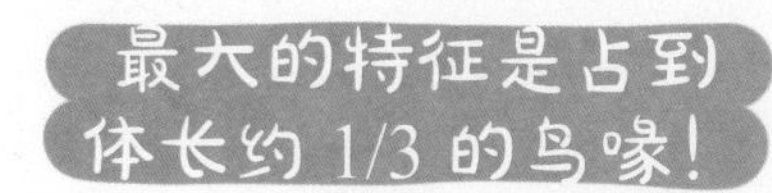

这个占比在鸟类中是最大的，它的眼睛周围有一圈橙色。

一起来玩吧!

求偶时，它们会用长长的喙互扔水果。

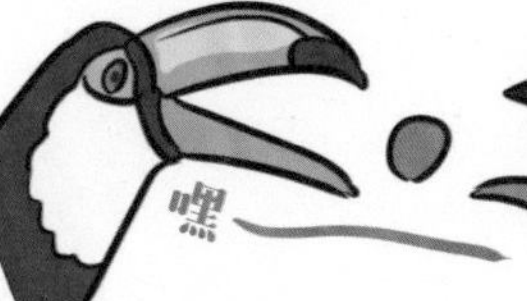

刚出生时，喙比较小，之后会慢慢长大。

鞭笞巨嘴鸟还会自己剥果皮。

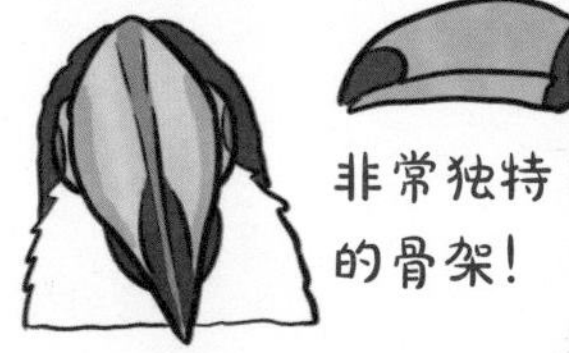

非常独特的骨架!

鞭笞巨嘴鸟的喙只有15克，内部像蜂巢一样，因此既轻便又坚固。

相当于三枚10日元的硬币。

动物的基本数据

鞭笞巨嘴鸟看上去是栖息在密林里的鸟类，但其实它主要生活在植被比较稀松的树林里。它很喜欢吃水果，即使是长在枝头的水果，也能用长长的喙轻松够到。

大小：61厘米

不可思议！

鞭笞巨嘴鸟的喙……

某种功能跟大象的耳朵很像！

一般来说，鸟类是通过呼吸和张开双翅来调节体温的。

但鞭笞巨嘴鸟竟然能用大大的喙来调节体温。

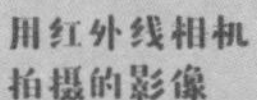

当周围的温度上升时，鸟喙的温度也会上升（但体温不会）。正因为它那巨大的喙上布满了毛细血管，所以才能帮身体散热！

这种散热机能可与大象的耳朵匹敌！

鞭笞巨嘴鸟的长喙、大象的耳朵，它们跟空气接触的面积很大，因此能让血液迅速降温。

巨嘴鸟的嘴像大象耳朵一样！

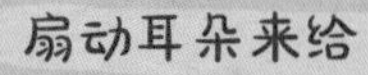

鞭笞巨嘴鸟和大象都拥有一个巨大的器官，它们应该比较能谈得来吧……

蜂鸟

“迷你直升机”

世界上最小的鸟就是蜂鸟科的！

蜂鸟能以极快的速度在花朵间来回吸食花蜜！
它最大的技能是“停飞”！

按“8”字形扇动翅膀，
制作出空气旋涡！

凭借高速振翅，蜂鸟可以
像直升机一样悬停在空中，
这是普通鸟类做不到的绝招。

据说蜂鸟是鸟
类中唯一能向
后飞的。

蜂鸟振翅的速度竟然能高达每秒80次
（按最小的蜂鸟吸蜜蜂鸟的速度来算）！

与其他鸟类不同，蜂鸟的翅膀无论是向下挥动还是向上挥动，都能产生一种“上升力（将翅膀向上拉的力）”，所以它能轻松地悬停在空中。

动物的基本数据

蜂鸟的种类很多，全世界大概有330多种。其中大部分种类的雄蜂鸟都长着漂亮的蓝色或绿色羽毛。吸蜜蜂鸟是世界上最小的鸟，它的体重只有2克。

大小：5厘米（吸蜜蜂鸟）

蜂鸟一旦仰卧就会因为丧失方向感而动弹不得……

分类：鸟纲 · 蜂鸟科　**食物：**花蜜、昆虫、蜘蛛　**栖息地：**北美洲和南美洲

不可思议！

蜂鸟……

必须连续不断地吸食花蜜！

蜂鸟经常在花丛中忙碌地飞来飞去，
它在高速振翅飞行的同时要消耗很多能量，
所以每天要吸食比自己体重还要重的花蜜！

花蜜在自然界中算是卡路里比较高的食物！

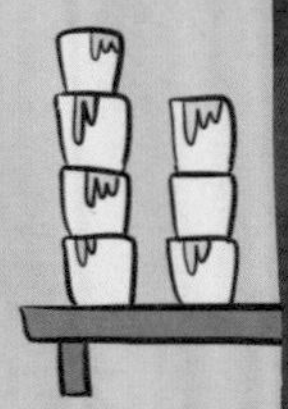

吸——

蜂鸟人

如果蜂鸟的体形像人那么大，
那么每悬停一分钟就要喝掉一瓶果汁……
而且要连续不停地喝，
否则身体的能量就不够用了。

靠蜂鸟吸食花蜜传播花粉的花朵被称为“鸟媒花”。

鸟媒花能分泌大量的花蜜，但甜度却不高，所以蜂鸟必须持续不断地吸食花蜜。

为了获得充足的能量，蜂鸟如今也在花丛之间忙碌地飞来飞去！

条纹卡拉鹰

“飞行恶魔”？

条纹卡拉鹰并没有袭击过人类却被称为“飞行恶魔”……这是为什么呢？

动物的基本数据

条纹卡拉鹰到了夏天会在马尔维纳斯群岛上吃企鹅和海鸟们的蛋及雏鸟。它跟游隼是近亲，所以是在陆地上狩猎的。卡拉鹰的好奇心很强，碰到什么新鲜东西都会凑上去看看。

大小： 50～65厘米

分类： 鸟纲 · 隼科　**食物：** 昆虫、企鹅等　**栖息地：** 马尔维纳斯群岛

不可思议！

条纹卡拉鹰……

是偷东西的天才？！

条纹卡拉鹰之所以被称为“飞行恶魔”，是因为它丝毫不畏惧人类而且拥有高超的偷窃技巧！

它会拆掉固定帐篷的钉子，让帐篷塌下来，然后偷吃里面储存的粮食。

坍塌

耶！

好吃——

咔嚓 咔嚓

呜呜——

根本不像

赏金好少！

卡拉鹰有时还会掳走小羊等家畜，所以被当地人深恶痛绝，甚至到了“公开悬赏”的地步！最终卡拉鹰的数量骤减到了3000只。

据说到了冬天，马尔维纳斯群岛上的猎物会骤减，一大半的卡拉鹰雏鸟都会死于饥饿……（即便距离最近的岛屿也要500千米的路程！）就连被称为“飞行恶魔”的卡拉鹰也是拼命提高偷东西的技巧来让自己和后代存活下去！

非洲灰鹦鹉

世界上最聪明的鸟

动物的基本数据

栖息在热带雨林里，跟鹦哥是亲戚。如果把它当宠物养，就会学人说话，还会模仿电话铃声。在野生环境里，也会模仿其他动物的声音。

大小：28～39厘米

分类：鸟纲 · 鹦鹉科　**食物**：果实、种子　**栖息地**：西非、中非

不可思议！

鹦鹉因为太聪明……

反而成为偷猎行为的受害者！

鹦鹉因为聪明而深受人们喜爱，
它也是一种很受欢迎的宠物，
所以鹦鹉经常被偷猎者盯上！

被偷猎者抓住
关到笼子里的鹦鹉们。

据说平均进口一只宠物鹦鹉
就会以牺牲二十只鹦鹉为代
价……

为了防止捉到的鹦鹉逃走，
偷猎者会将鹦鹉的一部分羽翼剪掉。
最后很多鹦鹉都会因为生病或心理因素而死掉。

2016年，《华盛顿公约》
明令禁止野生鹦鹉的进出口。
但这样导致资源更加稀缺，
所以有人担心，
偷猎现象会因此变得更加严重。

鹦鹉聪明又喧闹，它们原本是过着集体生活的愉快鸟类，在日本也很受欢迎。据说，日本每年都要进口500只左右的野生鹦鹉！正因为如此，才更有必要向大家说明这些情况。

招惹了这么聪明的鹦鹉说不定
哪天就……

肉垂水雉

水上散步！

栖息在南美洲的水鸟！

大大的爪是它的最大特征！
它能用长长的爪轻松地
在水面的植物上漫步。

肉垂水雉的体形非
常优美，红黑相间
的颜色也很漂亮，
它的翅膀弯曲处长
着一个刺。

肉垂水雉的体重可以
靠大大的爪分散开，
不至于集中于一点，
所以不会沉到水里。
它们还会在荷叶上筑巢。

雏鸟的爪也很大，它们能跟
父母一起在水面植物上行走。

动物的基本数据

肉垂水雉主要生活在南美的河川里，这些河川还同时栖息着鳄鱼和水豚等动物。肉垂水雉会在水面植物上徘徊，寻找水草上的昆虫吃。世界上共有八种水雉，它们都跟肉垂水雉一样长着大大的爪。

大小：21～25厘米

分类：鸟纲 · 水雉科　**食物**：昆虫　**栖息地**：南美洲

不为人知

不可思议!

肉垂水雉的雄鸟……

无论如何都会继续抚养孩子!

肉垂水雉基本实行“一夫一妻制”。
雏鸟出生后一般由雄鸟抚养，
但有时雌鸟竟然会光明正大地
与别的雄鸟结为伴侣!

雌鸟即使在产卵期间
也会到其他雄鸟那里
走动。

雌鸟之所以这样做，
是为了尽量多产几枚卵，
因为蛋经常被鳄鱼吃掉。

根据统计，雄鸟所抚养的雏鸟中
只有1/4是自己亲生的!
不过，雄鸟们其实并不在意雏鸟“是不是自己亲生的”，它们只会努力抚养眼前这只雏鸟，也许觉得这样更能提高自己孩子的存活概率吧!这种育儿理念真是前卫呢……

金色箭毒蛙

世界上最美的毒青蛙

地球上毒性最强的箭毒蛙！

以前，南美洲的人会将这种青蛙的毒液涂在弓箭上，所以得名“箭毒蛙”。

鲜艳的肤色是为了向敌人发出“不要吃我”的警告！

在箭毒蛙的后腿上蹭一下。

一只金色箭毒蛙的毒能杀死两头大象或十个成人，是非常可怕的剧毒。

毒性是河豚毒性的四倍。

动物的基本数据

主要栖息在热带雨林里。雌性箭毒蛙会将卵产在落叶下，之后由雄性看护。等卵孵化成小蝌蚪后，雄性箭毒蛙再将它们搬运到平缓安全的水域里。

大小： 4.5～4.7厘米

雄性箭毒蛙让蝌蚪们爬到自己背上。

分类： 两栖纲 · 箭毒蛙科　**食物：** 昆虫等　**栖息地：** 哥伦比亚西部

不可思议！

金色箭毒蛙……

在日本竟然是很受欢迎的宠物！

出售青蛙

像金色箭毒蛙这类毒青蛙在日本算是比较普遍的宠物了。在日本只要花30000日元（约合人民币2000元）就能轻松买到。

有很多种颜色和花纹，看起来非常漂亮。

“带有剧毒的箭毒蛙不是很危险吗？”可能有人会产生这样的疑问。其实箭毒蛙原本是无毒的！

它们的毒素是在吃了栖息地的蜱螨、蚂蚁等特定昆虫后，一点一点积累的。所以人工饲养的箭毒蛙是无毒的。

原来箭毒蛙是靠点滴积累，才获得最强毒素的。真是令人惊叹啊！

不过它的毒素好像对栖息地的某种蛇（天敌）无效……

钝口螈

生活在墨西哥的小可爱

有着洁白体色和不可思议表情的两栖动物※！

※像蝾螈、青蛙这样的动物。

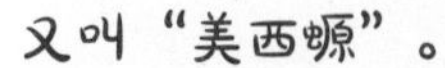

又叫“美西螈”。它头上飘着的是外鳃哦！

栖息在墨西哥的运河里。

崇拜我吧

哇哇

幼体

嘿！

钝口螈即使到了成年也会保持幼体的模样。

在15～16世纪的阿兹特克帝国受到空前的崇拜.

千万不要变成大人哦！

我已经是了。

当时人们称它为“Axolotl”。

什么……

莫名其妙

这种特性被称为“幼体成熟”。

这是阿兹特克语中某个神明的名字。

最近这些年，钝口螈的数量骤减，有人甚至推测它们在几年内就会灭绝……

动物的基本数据

野生钝口螈栖息在海拔2000米以上的高山湖泊里，而且大多是通体漆黑的。作为人气宠物的白色钝口螈，其实是挑选出白化品种后人工繁育的。

大小：20～25厘米

分类：两栖纲 · 钝口螈科 **食物**：虾、蟹、鱼 **栖息地**：墨西哥

不可思议！

钝口螈……

有很强的再生能力！

钝口螈科的动物都具有
超强的身体再生能力！

腿和尾巴断了之后，几个礼拜就能长出新的。

经过研究，人们发现某种蛋白质在钝口螈的再生过程中起关键作用！

数据复原中……

钝口螈就连大脑这类重要的器官都能再生。

实在是太惊人了！

目前科学家们正在努力研究促进钝口螈再生的特殊细胞，也许有一天我们能利用这项技术实现人体再生！

得克萨斯角蜥

沙漠中的“斗士”

栖息在美洲的爬虫类！

得克萨斯角蜥栖息的沙漠不但环境恶劣，还有土狼、蛇、鸟等众多天敌，为了生存，它练就了很多防身本领。

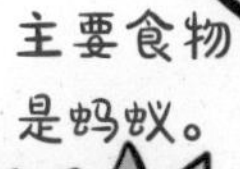

主要食物是蚂蚁。

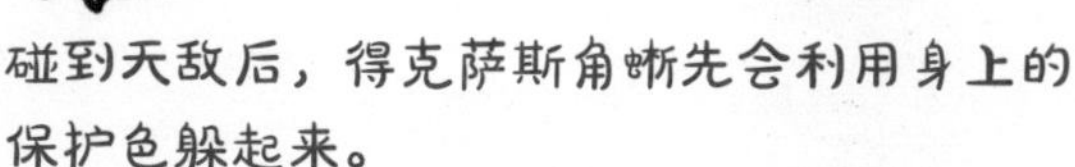

碰到天敌后，得克萨斯角蜥先会利用身上的保护色躲起来。

如果被发现，它就会将身体膨胀至原来的两倍大小，以此来威慑对方（而且这样也不容易被一口吞下）！

得克萨斯角蜥走投无路时的武器竟然是……

动物的基本数据

得克萨斯角蜥主要生活在北美洲至墨西哥的沙漠地区。早晚凉爽时，它会捕食蚂蚁，到了炎热的中午则会躲在植物的阴影里乘凉。得克萨斯角蜥也是一种很受欢迎的宠物，但大肆捕捉令它们的数量不断减少。

大小：10厘米

外形跟恐龙有点像，但体形很小。

分类：爬行纲 · 角蜥亚科　**食物**：蚂蚁　**栖息地**：北美洲西南部至墨西哥

不可思议！

得克萨斯角蜥的终极武器竟然是……

从眼睛喷出的血液！

如果躲藏和威慑都行不通，面临危机的得克萨斯角蜥就会使出它的终极武器！

将血液像“水枪”一样从眼睛向敌人喷射！

突突突突

啊啊啊

射程竟然能达一米！

而且据说血液里还含有土狼等天敌不喜欢的成分。不过用完这个“血枪”，得克萨斯角蜥就会损失1/3的血液！所以这是不能轻易使用的大招。看来想在沙漠这个残酷的世界里存活下去，偶尔也要拼上性命做出最后一搏！

非洲化蜜蜂

狂野的蜜蜂？

非洲化蜜蜂是非洲蜜蜂与欧洲蜜蜂人工培育的杂交蜜蜂！

蜜蜂是蜂类中最具代表性的品种！
它酿出的蜂蜜对人类很有益处。
人们为了培育更优秀的蜜蜂，就开始了杂交的项目……
非洲蜜蜂与西方蜜蜂相比
优点在于：
·更容易组成群落。
·守护蜂巢的能力更强。

研究者们原本是想将这两种蜜蜂的优点结合起来，培育出一种能适应巴西等热带地区气候的“理想型蜜蜂”，然而……

某一天，这些蜜蜂在实验的过程中逃了出去……

动物的基本数据

蜂胶是近些年流行的健康食品，而非洲化蜜蜂制造蜂胶的能力很强，因此备受关注。蜂胶是蜜蜂将收集到的树脂跟自己唾液混合后的产物，也是它们筑巢的材料之一。

大小：10～20毫米

在蜜蜂中算是体形比较小的。

分类：昆虫纲 · 蜜蜂科 **食物**：花蜜 **栖息地**：巴西、澳大利亚、美国

不可思议！

非洲化蜜蜂……

别名“杀人蜂”！

当初从研究所逃出去的非洲化蜜蜂，
开始了超乎人类想象的进化！
它们不断繁殖并扩大地盘！

·更容易组成群落→大量繁殖然后组成大群落！
·守护蜂巢的能力更强→增加了攻击性非常强的属性！
·对进入它们地盘的动物赶尽杀绝！
·一只蜜蜂毒性不强，但一大群加起来就是剧毒！

面对增加了这些特性的
杂交蜜蜂，人类束手无策！
明明体形很小却被冠以“杀人蜂”
的称号……
如今它已经是让人闻风丧胆的昆虫
之一了！

据说现在人们的对策是让它与
性格温顺的意大利蜂交配，
以此慢慢减少它身体里的凶暴
基因。

孔雀蜘蛛

缤纷多彩的跳舞达人！

生活在澳大利亚的跳蛛。

跳蛛科的蜘蛛在捕食时，常常会直接跳到昆虫身上，而不是吐丝结网慢慢等待猎物。

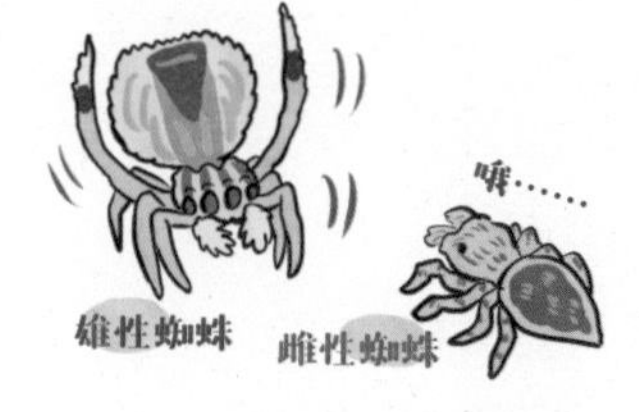

到了繁殖期，雄性孔雀蜘蛛会跳着华丽的舞蹈吸引雌性孔雀蜘蛛的注意！

它们的腹部色彩鲜艳，而且呈扇形，跟孔雀开屏的样子很像。

品种不同，身上的花纹和舞蹈动作也不同。

动物的基本数据

跳蛛科的蜘蛛在追逐猎物时会将吐出的丝当保险绳使用。孔雀蜘蛛的眼睛非常大，而且视力也很好，所以它们才会跳如此华丽的舞蹈来吸引异性。

大小：5毫米

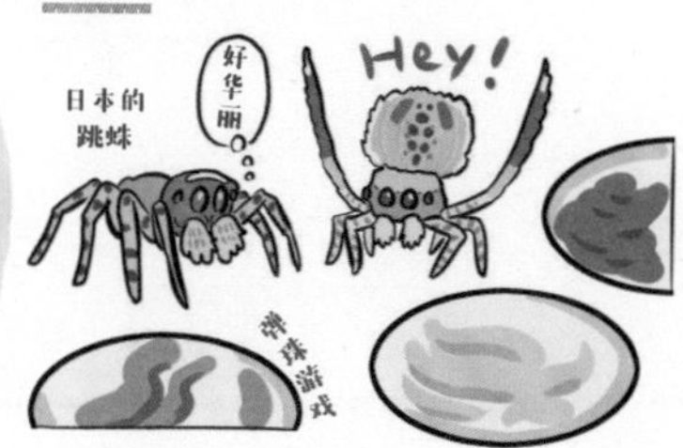

分类：节肢动物 · 跳蛛科　**食物**：小虫子等　**栖息地**：澳大利亚等地

不可思议!

孔雀蜘蛛在跳舞时……

到了繁殖期，雄性孔雀蜘蛛会用华丽的舞蹈来吸引雌性孔雀蜘蛛……

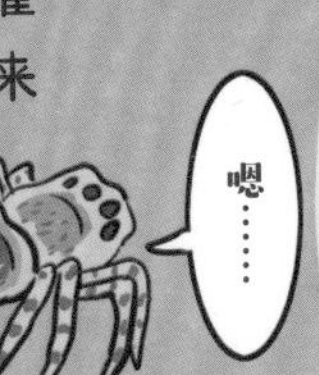

但如果雄性蜘蛛跳得太差，就有可能被雌性蜘蛛吃掉!!

咬住

吃掉算了!

嗷嗷——

看起来很愉快的舞蹈，却要冒着生命危险!

跳蛛科的蜘蛛视力都非常好，也许雌性蜘蛛只是觉得雄性蜘蛛的舞蹈有些华而不实吧!不过有些学者认为，对雌性蜘蛛来说，雄性蜘蛛腹部的花纹比舞蹈更重要。这真是个令人感伤的推论呢……

Hey!

叹气

雄性蜘蛛不跳舞不就行了吗?

……也许你会这样想。

不过，孔雀蜘蛛们一定有必须跳舞的理由吧!

不喜欢也不要吃掉我哦!

哈?

雌孔雀

大王乌贼

深海中的触须之王！

地球上最大的无脊椎动物※！

※无脊椎动物是指背侧没有脊柱的动物。

生活在深海里的神秘巨型乌贼。它的八只腕足上都布满了吸盘。

跟沙滩排球一样大的眼珠。

眼睛是动物界中最大的。

它主要靠两只比较长的“触腕”来捕食。

大王乌贼的体内含有大量比海水轻的氨溶液……所以它的肉一点也不好吃。

巨大的体形无愧于“深海帝王”的称号，但……

动物的基本数据

大王乌贼虽然体形巨大，但身体构造与超市卖的乌贼差不多。大王乌贼游泳的速度非常快，会主动捕食鱼类和比它小的乌贼。

大小： 最大可达18米

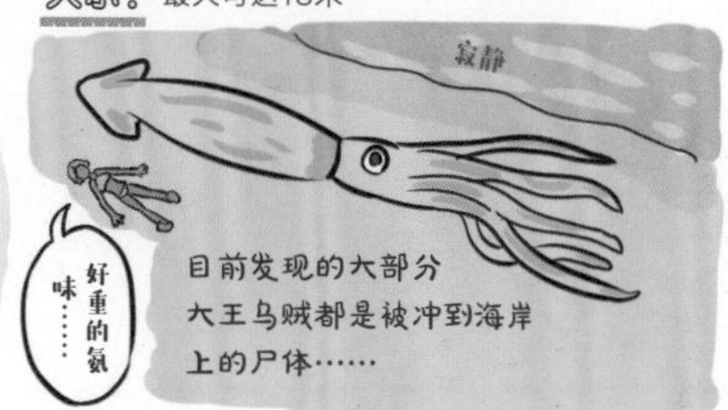

不为人知

不可思议！

体形巨大的大王乌贼……

竟然也有天敌！

抹香鲸广泛分布于全世界的海洋中，它的食物主要是乌贼类，其中竟然还包括大王乌贼！

抹香鲸主要生活在水深1000米以上的海域，会使用特殊的声波来搜寻猎物。
抹香鲸是海洋中的重量级选手，一般重达50吨左右，即使是大王乌贼，在抹香鲸面前也只能沦为食物。
不过大王乌贼当然不会轻易就范！

大王乌贼会用布满吸盘的触腕拼命抵抗！
在殊死一战之后，抹香鲸的脸上通常会留下很多吸盘造成的伤痕……

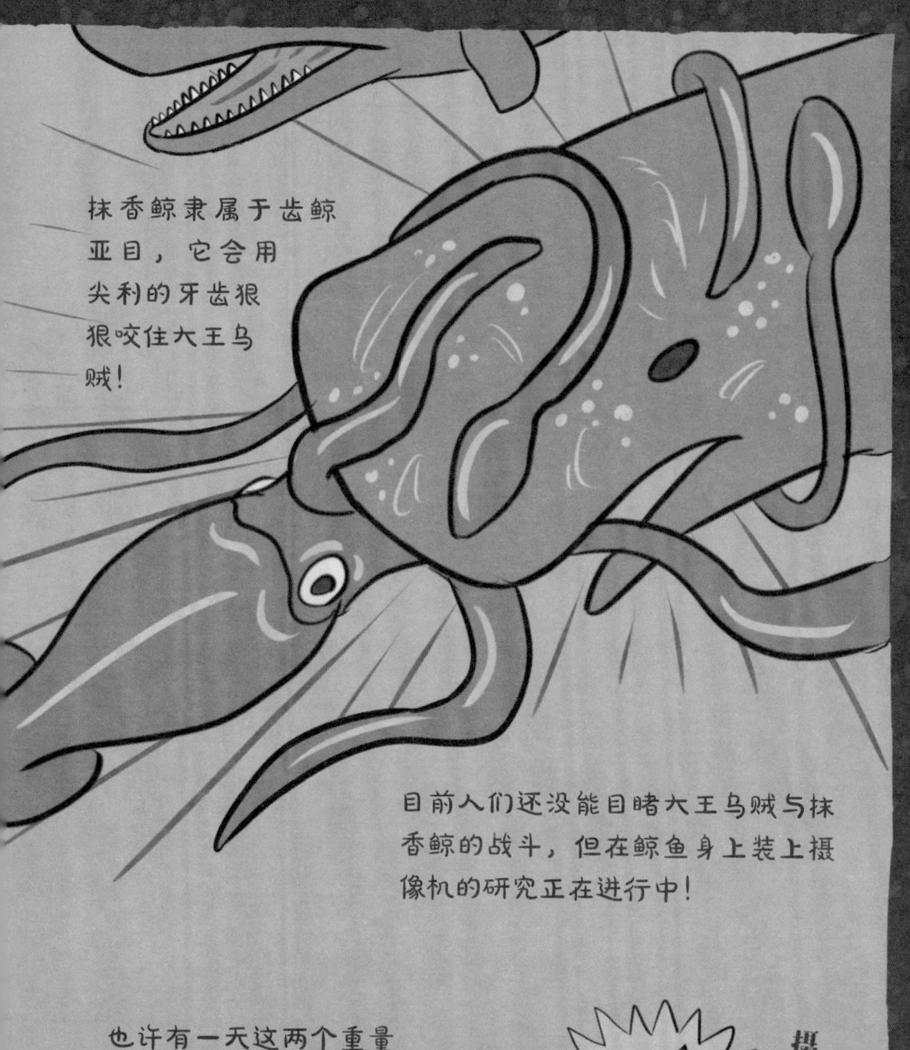

目前人们还没能目睹大王乌贼与抹香鲸的战斗，但在鲸鱼身上装上摄像机的研究正在进行中！

也许有一天这两个重量级选手战斗的场景会被记录到摄像机中……

有些学者认为，抹香鲸会将超声波像激光一样发射出去攻击对方。

真正的巨型乌贼

大王酸浆乌贼

在抹香鲸的胃中发现了它的残骸！

在更深的海域里，还栖息着一种比大王乌贼更神秘的巨型乌贼……

大王乌贼据说是世界上最大的乌贼，但其实还有一种乌贼能与它匹敌……

那就是栖息在2000米深海中的大王酸浆乌贼。

它的体形比大王乌贼宽，看起来胖墩墩的，体重可达500千克，远远高于大王乌贼。

长达1米的腕足上布满了直径2.5厘米的大吸盘，这些吸盘像钩爪一样可以充当武器。

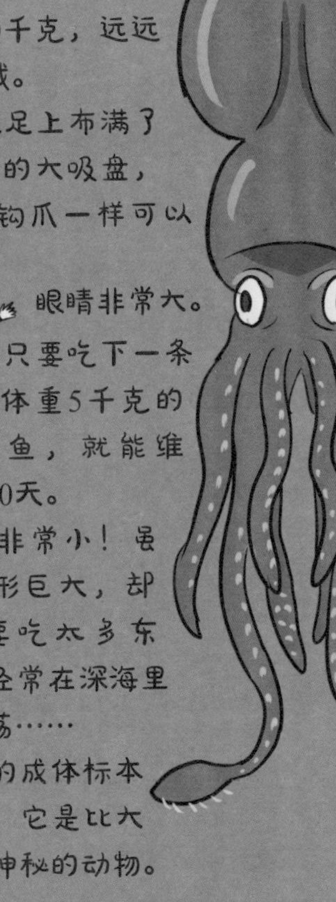

眼睛非常大。只要吃下一条体重5千克的鱼，就能维持200天。

能耗非常小！虽然体形巨大，却不需要吃太多东西，所以经常在深海里悠闲地漂荡……

目前已知的成体标本只有三具，它是比大王乌贼还要神秘的动物。

梦海鼠

深海里的梦幻动物

栖息在水深300～6000米的深海游泳海参！

梦海鼠拥有梦幻般的粉色半透明身体，
它会用圆形的嘴吸入大量泥沙，
然后以里面的微动物为食。

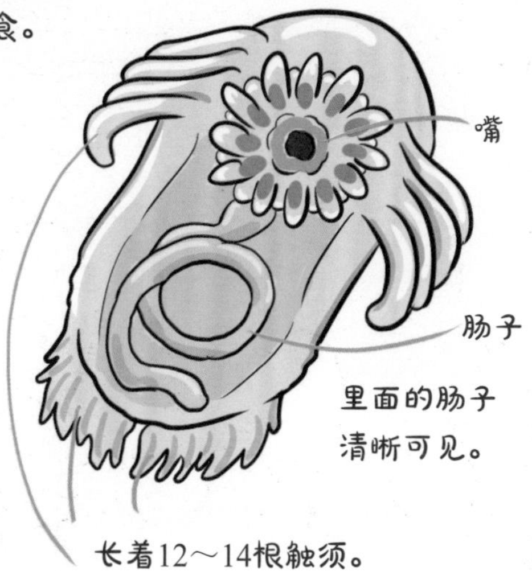

里面的肠子清晰可见。

受到刺激便会发光。

长着12～14根触须。

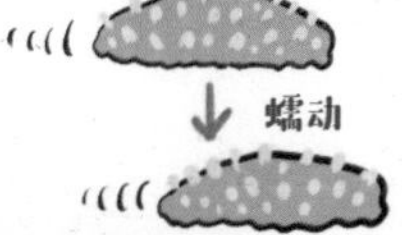

一般来说，海参纲的动物都像毛毛虫一样在海底蠕动……

但梦海鼠却拥有“很梦幻”的特殊能力……

动物的基本数据

海参纲的动物会在海底慢慢蠕动，然后吞下泥沙，以里面的微动物为食。微动物其实没太多营养，所以它们会用长长的肠子慢慢将其消化，以此提高吸收的效率。

大小：20厘米

分类：棘皮动物·浮游参科　**食物**：海底的微动物　**栖息地**：太平洋

不可思议！

梦海鼠竟然……

能在海里漂游！

梦海鼠虽然是海参纲的动物，却能在海里漂游！它的触须之间长着一层膜，构造就像鸭子的脚蹼一样，因此它能通过挥动带膜的触须游动。梦海鼠的身体前后都长着触须，当它想前进时只要使用前方的触须就可以了。

好饿。

我开动啦~

吸 吸 吸

吃饱了。

就像光顾站着吃荞麦面的小店一样。

它只有在吃东西时才会在海底“着陆”，而且只用一分钟就能吃完。

发出粉红色柔光的梦海鼠在海中优雅地漂游……确实是像“梦”一般的场景……

我也可以！

顺便一提，普通的海参其实也会游泳。

……只不过一小时只能游五米左右。

好累！

做白日梦的海参

被现实打败的海参

鼓虾

大海中的“神枪手”

栖息在温暖海洋中的虾！

鼓虾的钳子碰撞时会发出清脆的爆破声，因此又被称为“枪虾”！

左右两个钳子的形状不同，右边的钳子有独特的形状！世界上有好几百种鼓虾，可以称得上是“枪手集团”了！

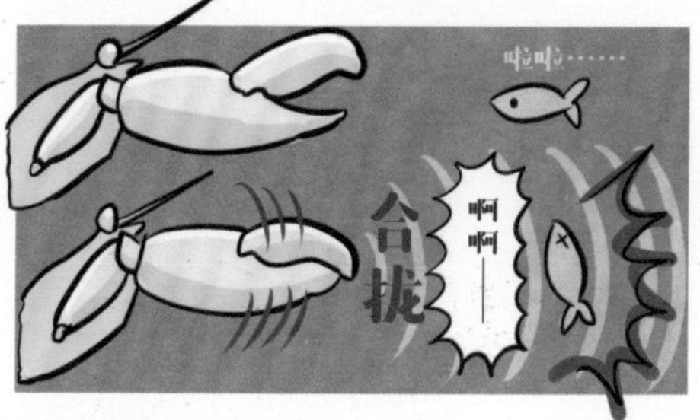

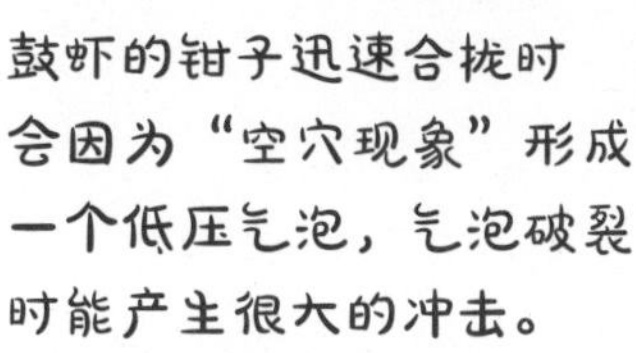

鼓虾的钳子迅速合拢时会因为“空穴现象”形成一个低压气泡，气泡破裂时能产生很大的冲击。鼓虾就利用这种冲击波将猎物击晕，或是用来威慑章鱼、乌贼等天敌。

动物的基本数据

全世界的几百种鼓虾中，大部分是栖息在热带海域的，它们的外表通常很艳丽。日本的鼓虾能在冷水海域生存，算是比较罕见的品种。相比热带鼓虾，日本鼓虾的外表看起来比较朴素。

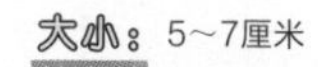

不可思议！

鼓虾竟然……

还有搭档！

“海洋枪手”这个称号很容易让人联想到在汪洋大海中孤独流浪的场景……

不过，鼓虾其实有一个天天生活在一起的形影不离的好搭档，那就是鰕虎鱼。

鼓虾的视力很差，根本看不见远处的东西。它需要鰕虎鱼帮忙在巢穴旁巡逻。

鼓虾负责建造、维修巢穴，吸引不会筑巢的鰕虎鱼一起居住。这样的共同生活对双方都有好处，我们管这种关系叫“共生关系”。

经常有人目击到红纹鼓虾和白天线鰕虎鱼这对组合，看来要在广阔无垠的大海中生存，除了“枪法”，还需要可靠的搭档啊！

棘冠海星

珊瑚的噩梦

用棘刺武装全身的大型肉食性海星！

它的棘刺有毒，被刺到会产生剧痛，甚至导致死亡！

捕食时会将胃从口中翻出来，然后包裹住珊瑚等猎物。

被列入世界自然遗产的大堡礁，竟然有40%毁于棘冠海星的吞食。原本五彩缤纷的珊瑚礁，死掉之后就会变成白色。

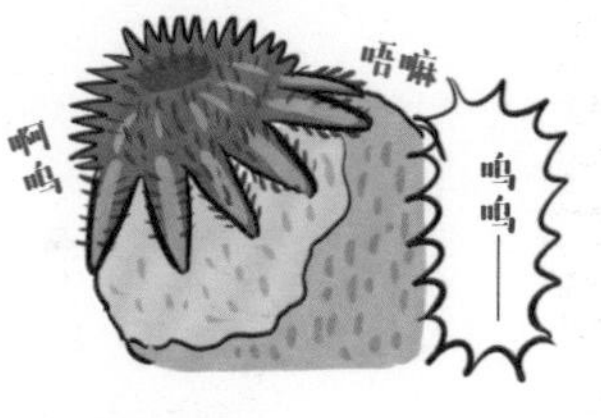

全副武装的棘冠海星竟然有个意想不到的敌人……

动物的基本数据

从海星身体上延伸出去的细管被称为“管足”，末端长着吸盘。海星就是依靠管足行动的。据说棘冠海星为了寻找食物，每天要走七十米。

大小：30～60厘米

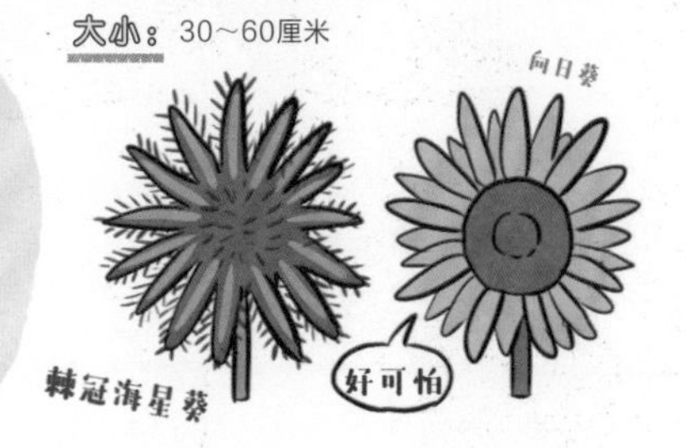

分类：棘皮动物 · 长棘海星科　**食物：**珊瑚等　**栖息地：**西太平洋、印度洋

棘冠海星……

面对法螺毫无抵抗力？

法螺是日本最大的螺，
它是少数几种可以吃棘冠海星的动物！

根本不把毒刺当回事，
直接上前袭击！

伸出长长的嘴吃
掉棘冠海星。

可以说，法螺间接地保护了
珊瑚礁。

不过最让棘冠海星恐惧的天敌应该是人类！
为了消灭它，人类可谓想尽绝招，
除了毒药，竟然还要发明遇到棘冠海星就开始击杀的
机器人……

看来珊瑚礁受棘冠海星残害的日子
也快结束了……

吸血鬼章鱼

深海中的吸血鬼？

栖息在水深1000～2000米的深海动物。

它的学名是“来自地狱的吸血鬼乌贼”。

血池地狱

筒直是种享受。

长着一对宝石般的大眼睛。

确切来讲，它既不是章鱼也不是乌贼，更像是它们的祖先。

吸血鬼章鱼的腕足之间长着一层薄膜，它就是用这个呈伞状的腕足膜和鳍来游泳的。腕足末端和根部还长着能发出蓝白色光芒的发光器官。

吸血鬼章鱼的外形看起来很恐怖，然而……

动物的基本数据

吸血鬼章鱼被称为“活化石”，因为它至今还保持着远古时期的模样。它的主要食物是“海洋雪”，也就是各种有机物的碎屑。

大小：15厘米

分类：头足纲 · 幽灵蛸科 **食物**：海洋雪 **栖息地**：全世界的温暖海域

不可思议!

吸血鬼章鱼……

喜欢不紧不慢地吃东西!

吸血鬼章鱼平时主要靠细长的触须悠闲地进食海洋中的碎屑!
触须从腕足根部的口袋里伸出，
末端能分泌一种黏液，
吸血鬼章鱼会先用黏液收集海洋碎屑，
然后团成一团再吃掉。
这种习性完全颠覆了它“嗜血猎人”的固有形象。

吸血鬼章鱼遇到危险时，会将八个腕足和薄膜一起翻过来包住身体!

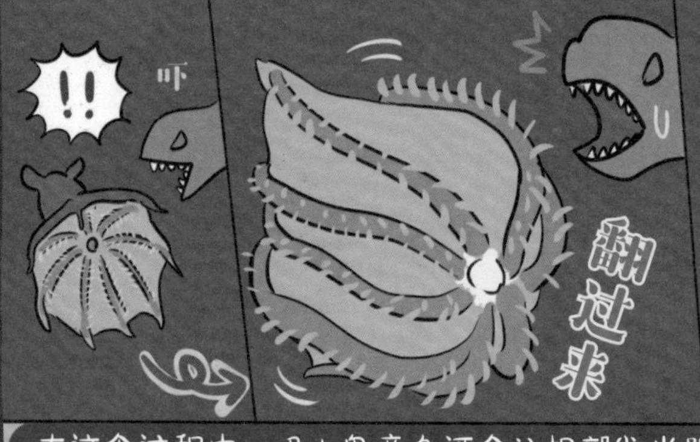

在这个过程中，吸血鬼章鱼还会让根部发光器的光一点点变暗，
来营造已经跑远了的效果……

真是多才多艺的“海洋吸血鬼”啊!

纸鹦鹉螺

里面藏着什么？

通体洁白的漂亮螺！

冬去春来，
日本海的海岸会漂上来
很多纸鹦鹉螺……

哗啦啦啦

好看吗？

如果将两个螺放到一起，正好就是向日葵叶子的形状，因此在日本被称为“向日葵螺”。

之所以被叫作“纸鹦鹉螺”，
是因为它的外壳像半透明的纸片一样薄。
它的外表看起来没什么特别的……但是……

壳里竟然藏着东西，到底是什么呢？

大小： 30厘米（雌性）、1.5厘米（雄性）

动物的基本数据

它的外壳薄如纸片。大多数分布在热带海域，主要生活在海面附近的浅水水域。据说它经常会粘到水母身上。雄性的体形非常小。

分类： 软体动物 · 船蛸科　**食物：** 贝类　**栖息地：** 全世界的温暖海域

不可思议！

纸鹦鹉螺里面……

竟然藏着章鱼！

纸鹦鹉螺里面竟然藏着一种名叫“船蛸”的章鱼！

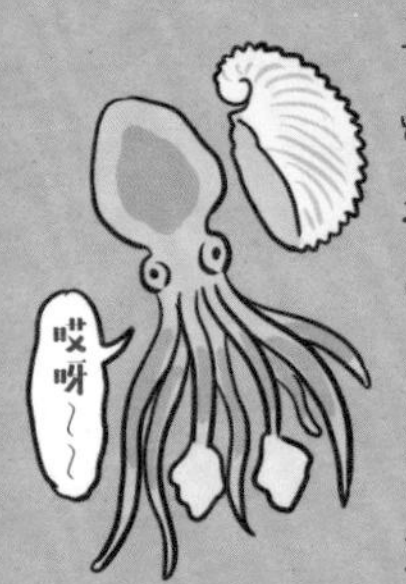

其实纸鹦鹉螺并不是活着的螺。
它只是船蛸章鱼身体的一部分而已。
它的主要作用是为雌章鱼产卵提供空间，或是帮章鱼浮在水面上。

实际上章鱼和乌贼都是由贝类进化而来！

章鱼和乌贼的一个区别就在于，身体里是否还残留着贝类的特征。

章鱼（无残留）　随波逐流

乌贼（残留着内壳）　闪亮

大部分章鱼已经失去了贝类的特征，像船蛸这种能自己制造外壳并加以利用的章鱼是非常罕见的。

普通的章鱼会在海底或岩缝里伏击猎物，而船蛸则是浮在海面上以浮游生物为食。

只有雌性船蛸有壳。

雄性体形非常小（1.5～5厘米）

真是恩爱的一对啊！

北极蛤

生活在遥远地方的贝类

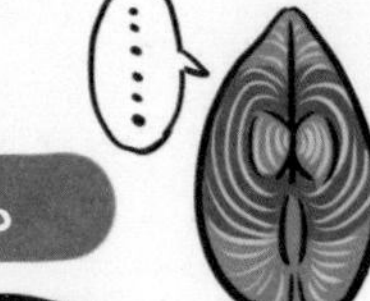

外表看起来很普通的双壳贝，
栖息在北大西洋阴暗寒冷的海里。

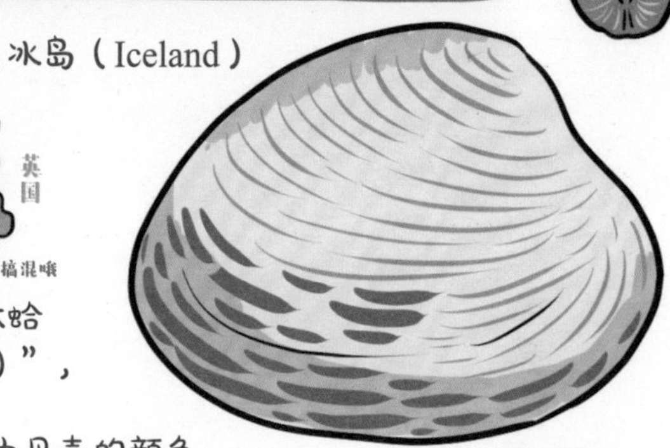

别名叫“桃花心木蛤（mahogany clam）”，

因为贝壳的颜色和花纹很像桃花心木。

它在当地是很常见的贝类，经常被用来制作海鲜浓汤。

看上去很普通的小贝壳，却隐藏着惊天的秘密……

动物的基本数据

栖息在距北大西洋海岸400米左右的海底，一直被附近的人当作食用贝捕捞。它们到了二十岁左右，身体的成长速度就会急速减缓，之后无论几岁看起来都是一个样子。

大小：8～13厘米

分类：软体动物 · 北极蛤科　**食物：**海中的有机物　**栖息地：**北大西洋

不可思议！

北极蛤竟然是……

地球上最长寿的动物！

前些年科学家们打捞上一只北极蛤，经过检测判定它已经507岁了！科学家们给它取名为“明”，后来吉尼斯世界纪录将它认定为“地球上最长寿的动物”。

不过北极蛤终究还是贝类，即使活了几百年体形也不会很大。说不定哪天能登上吉尼斯世界纪录的长寿北极蛤，一不小心就被端上餐桌了呢……

“明”刚出生时……

当时中国处于明朝时期，这也是北极蛤被命名为“明”的原因。

著名画家列奥纳多·达·芬奇正在创作《蒙娜丽莎》这幅画。

日本处于战国时代。

北极蛤的外壳上有一圈圈的纹路，这跟树木的年轮一样，可以用来估算年龄。但507岁的“明”刚开始估算出的年龄竟然与实际年龄有将近100岁的误差。

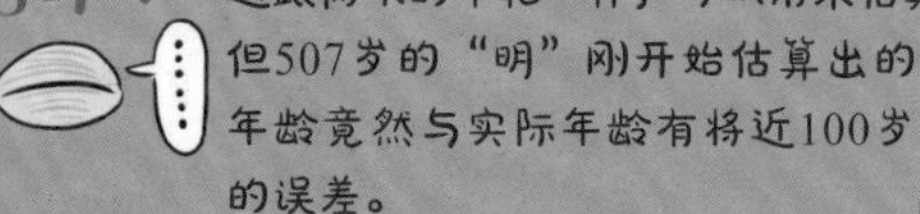

不过对于活了几个世纪的它来说，这应该不算什么吧……

后记

（←打个招呼。）

各位读者，感谢大家读到这里。真心希望每个人都能从这本书中获得乐趣。也许有些读者是抱着“其实根本没读完，只是想先看看后记而已”的想法翻到这里的（我有时也会这么干）。但还是谢谢大家。

书中介绍了很多动物的表里两面。不过现在动物界基本每天都有让人惊叹的新发现。也许有一天书中的内容会被推翻，爆出更令人吃惊的事实……动物界真是充满了未知性和意外性啊。

能跟这些“愉快”的动物们生活在同一个世界上，真是一件很幸运的事。如果将来有机会，请再跟我一起探讨有关动物的有趣话题吧。真希望跟大家再见面。

最后我要感谢帮忙制作这本书的编辑和设计人员、监修的柴田先生和其他在各方面帮助过我的人。还有为出版这本书制造了契机的翠鸟先生，真是太感谢您了。那么至此先告一段落，再见了。

沼笠航

索引

我还有“这样”的一面哦！
砰
撞翻

图书在版编目（CIP）数据

原来你是这样的动物 / (日) 沼笠航著；王宇佳译
. -- 海口：南海出版公司, 2021.6（2023.5重印）

ISBN 978-7-5442-6942-1

Ⅰ. ①原… Ⅱ. ①沼… ②王… Ⅲ. ①动物-普及读物 Ⅳ. ①Q95-49

中国版本图书馆CIP数据核字(2021)第067075号

著作权合同登记号　图字：30-2021-012
TITLE：［ぬまがさワタリのゆかいないきもの㊙図鑑］
BY：［ぬまがさワタリ］

YUANLAI NI SHI ZHEYANG DE DONGWU
原来你是这样的动物

策划制作：北京书锦缘咨询有限公司
总 策 划：陈　庆
策　　划：宁月玲

著　　者：［日］沼笠航
译　　者：王宇佳
责任编辑：张　媛
排版设计：柯秀翠
出版发行：南海出版公司 电话：（0898）66568511（出版）（0898）65350227（发行）
社　　址：海南省海口市海秀中路51号星华大厦五楼　邮编：570206
电子信箱：nhpublishing@163.com
经　　销：新华书店
印　　刷：和谐彩艺印刷科技（北京）有限公司
开　　本：889毫米×1194毫米　1/32
印　　张：7
字　　数：197千
版　　次：2021年6月第1版　　2023年5月第3次印刷
书　　号：ISBN 978-7-5442-6942-1
定　　价：59.80元